P. Kanmani
T. Lalitha
M. Rekadevi

Gestão dos resíduos electrónicos

P. Kanmani
T. Lalitha
M. Rekadevi

Gestão dos resíduos electrónicos

ScienciaScripts

Imprint

Cover image: www.ingimage.com

This book is a translation from the original published under ISBN 978-620-7-46820-1.

Publisher:
Sciencia Scripts
is a trademark of
Dodo Books Indian Ocean Ltd. and OmniScriptum S.R.L publishing group

120 High Road, East Finchley, London, N2 9ED, United Kingdom
Str. Armeneasca 28/1, office 1, Chisinau MD-2012, Republic of Moldova, Europe
Printed at: see last page
ISBN: 978-620-7-69584-3

PREFÁCIO

Este livro destina-se a ser utilizado como livro de referência para estudantes no domínio das ciências.

O presente livro, Gestão dos resíduos electrónicos, apresenta a eliminação e gestão adequadas dos resíduos electrónicos, incluindo aparelhos electrónicos velhos ou fora de uso, como telefones, computadores e televisores. O processo envolve a recolha, o transporte, a reciclagem, a remodelação e a eliminação de resíduos electrónicos de uma forma ecológica.

No final do curso, os alunos serão capazes de

- identificar os resíduos electrónicos e os seus tipos
- descrever o impacto dos resíduos electrónicos no ambiente e na saúde humana
- explicar os métodos de eliminação correcta dos resíduos electrónicos
- explicitar a regulamentação relativa à reciclagem de resíduos electrónicos
- ilustrar medidas simples para reciclar os resíduos electrónicos a nível doméstico

Estamos gratos a Deus e aos nossos pais. Agradecemos também à nossa instituição pelo seu apoio total para a publicação deste livro.

AUTORES

Sra. . P.Kanmani

Sra. T. S. Lalitha

Dr. M. Rekadevi

Sra. P. S. Saritha

Índice

Unidade 1 4

1.1 Introdução aos resíduos electrónicos 4

1.1.1 O que é um resíduo? 7

1.1.2 O que é um resíduo eletrónico? 8

1.1.3 Gestão dos resíduos electrónicos 8

1.1.4 Resíduos electrónicos na Índia 9

Figura 1.1 Resíduos electrónicos na Índia 10

1.2 Componentes e categorias de resíduos electrónicos 10

1.2.1 Categorias de resíduos electrónicos 10

1.2.2 Componentes dos resíduos electrónicos 10

1.2.3 Composição dos materiais dos resíduos electrónicos 11

1.3 Resíduos electrónicos no mundo, eliminação adequada dos resíduos electrónicos 12

1.3.1 História da regulamentação 13

1.3.2 O tratamento e a eliminação seguros dos resíduos electrónicos são efectuados principalmente em 5 tipos 14

1.3.3. Reciclagem de resíduos electrónicos 15

1.3.4 Para onde vai o seu lixo eletrónico? 17

Unidade 2 20

2.1 Resíduos electrónicos 20

Figura 2.1 Materiais de resíduos electrónicos 20

2.1.1 Como podemos reduzir, reutilizar e reciclar: 21

2.1.2 Toxicidade dos resíduos electrónicos 21

2.2 Efeitos dos resíduos electrónicos na saúde 23

Figura 2.2 Efeitos dos resíduos electrónicos na saúde 23

Quadro 2.1 E-produtos e respectivos materiais perigosos 23

2.3. Exposição e impactos nas crianças 23

Quadro 2.2 Componentes das partes do corpo afectadas ... 25
2.3.1 Conclusão ... 25
2.4 Gestão de resíduos electrónicos, questões e desafios da gestão de resíduos electrónicos ... 26
2.4.1 Desafiantes ... 27
2.4.2 Cenário dos resíduos electrónicos ... 28
2.4.3 Resíduos electrónicos na Índia ... 28
2.4.4 Questões ... 29
2.5. Regulamentação relativa à gestão dos resíduos electrónicos ... 31
Unidade 3 ... 33
3.1 Oportunidades de gestão dos resíduos electrónicos na Índia ... 33
3.1.1 Desafios na gestão dos resíduos electrónicos ... 33
3.2 Reduzir os resíduos electrónicos ... 35
3.3 Prevenção de resíduos perigosos na conceção ... 37
3.3.1 Introdução ... 37
3.4 O que é a reciclagem de resíduos electrónicos ... 40
3.4.1 Componentes dos resíduos electrónicos que podem ser reciclados ... 41
3.4.2 Processo de reciclagem de resíduos electrónicos ... 42
3.5 Meios simples de extração de metais de resíduos de E ... 45
Perguntas frequentes FAQ ... 46
Referências ... 47
AUTORES ... 48

Unidade 1

1.1 Introdução aos resíduos electrónicos

Já se interrogou sobre o que acontece ao seu computador portátil preferido depois de o deitar fora? Se for deitado no caixote do lixo, vai diretamente para os aterros. Se for entregue a uma empresa de recolha de resíduos electrónicos, será enviado para reciclagem. Há diferentes caminhos que estes resíduos electrónicos e eléctricos seguem, dependendo da forma como são eliminados.

O conceito de resíduos electrónicos ainda é novo na Índia, mas é da maior importância. Sabia que, do total de 1 014 961 toneladas de resíduos electrónicos produzidos, apenas 3 a 10% são reciclados? É mau? Sim, é extremamente mau, tanto para nós como para o ambiente. Os restantes 90% dos resíduos electrónicos produzidos acabam em aterros, incineradoras ou são utilizados para comércio ilegal. A queima de resíduos tem efeitos graves para o ambiente.

Este blogue informa-o sobre o que são resíduos electrónicos e quais são os produtos abrangidos por este título. Entende-se por resíduos electrónicos os equipamentos eléctricos e electrónicos, total ou parcialmente eliminados como resíduos pelo consumidor ou pelo consumidor a granel, bem como os resíduos dos processos de fabrico, renovação e reparação.

Em termos simples, os resíduos electrónicos são uma abreviatura de equipamentos electrónicos e eléctricos e respectivas peças que foram eliminados pelo proprietário. O termo resíduo implica que o produto não tem mais utilidade ou que não foi utilizado até ao seu potencial máximo.

Desde um pequeno produto, como um fio de um circuito, até um produto tão grande como um frigorífico, após a sua utilização, é classificado como resíduo eletrónico.

Para dar uma ideia clara, podemos classificar os resíduos electrónicos da seguinte forma.

O que é que faz parte da categoria de resíduos electrónicos?

Com base no tipo de produto, os resíduos electrónicos podem ser classificados da seguinte forma.

- Ecrãs, monitores
- Comprimidos
- Computadores
- Computadores portáteis
- Monitores
- Televisores

- Cadernos de notas
- Electrodomésticos

Micro-ondas	Dispositivos de entretenimento doméstico
Fogões eléctricos	Utilidades electrónicas
Máquinas de lavar roupa, secadores de roupa, máquinas de lavar louça, fogões eléctricos	Cadeiras de massagem
Aquecedores	Almofadas de aquecimento
Fãs	Controlos remotos
Luzes nocturnas	Telecomandos de televisão
Passadeiras de corrida	Cabos eléctricos
Fit Bits	Lâmpadas - lâmpadas LED, lâmpadas fluorescentes e lâmpadas de descarga de alta intensidade
Relógios inteligentes	Luzes inteligentes
Monitores cardíacos	Equipamento para testes de diabetes

- Troca de temperatura
- Equipamentos de permuta de temperatura, mais vulgarmente designados por equipamentos de refrigeração e congelação
- Materiais de refrigeração
- Frigoríficos
- Congeladores
- Aparelhos de ar condicionado [Tipos de divisão e de janela].
- Bombas de calor
- Pequenos equipamentos

Aspiradores	Micro-ondas
Chaleiras eléctricas	Equipamento de ventilação
Torradeiras	máquinas de barbear eléctricas

Balanças de pesagem	calculadoras
aparelhos de rádio	câmaras de vídeo
pequenas ferramentas eléctricas e electrónicas	brinquedos eléctricos e electrónicos
pequenos dispositivos médicos	pequenos instrumentos de monitorização e controlo

- Equipamento informático e de telecomunicações

Telemóveis, Sistemas de Posicionamento Global (GPS), routers, calculadoras de bolso, computadores pessoais, impressoras, telefones	Equipamento médico e de escritório
Copiadoras/Impressoras	Máquinas de diálise
Dongles WiFi	Equipamento de imagiologia
Servidores de TI e racks de servidores	Desfibrilhador
Sistemas telefónicos e PBX	Sistemas de distribuição de energia (PDUs)
Equipamento de áudio e vídeo	Autoclave
Hardware de rede (ou seja, servidores, comutadores, hubs, etc.)	Cordas e cabos
Réguas de tomadas e fontes de alimentação	Fontes de alimentação ininterrupta (sistemas UPS)
Grandes máquinas de impressão, material de cópia	painéis fotovoltaicos

Porque é que os resíduos electrónicos são prejudiciais?

As substâncias químicas presentes nos produtos eléctricos e electrónicos são tóxicas tanto para o ambiente como para os seres humanos. A maioria dos produtos contém químicos como o mercúrio, o cádmio, o chumbo, os retardadores de chama bromados e o berílio. Quando mal manuseados, misturam-se com a água, o solo e o ar.

Além disso, os efeitos nocivos dos resíduos electrónicos só estão a aumentar devido à exportação ilegal para países onde são eliminados.

Inevitavelmente, quanto mais resíduos electrónicos são despejados nas massas de água, mais vestígios de toxinas aparecem nas águas subterrâneas. Qual é a solução para a racionalização dos resíduos electrónicos?

1. A primeira e principal coisa que os consumidores devem fazer é tomar consciência dos produtos que estão a utilizar e da forma como os estão a eliminar. A eliminação consciente dos resíduos electrónicos ajuda a reduzir a pilha crescente de resíduos e os resultados nocivos que daí advêm.
2. Em segundo lugar, os 3 R's são uma óptima solução. Reduzir, Reutilizar e Reciclar. No entanto, reduzir a utilização de produtos electrónicos e eléctricos não é fácil e, a certa altura, chegou a ser impossível.
3. Reutilizar os produtos até chegarem ao fim da sua vida útil. Em vez de deitar fora os produtos depois de os utilizar, é uma boa ideia doá-los ou vendê-los.
4. A reciclagem de resíduos electrónicos é popularmente aceite em todo o mundo. Quando se entrega um produto, por exemplo, um telemóvel a um reciclador, o resultado é muito positivo. Este telemóvel e as suas partes podem ser utilizados no fabrico de novos telemóveis, enquanto as outras partes não reutilizáveis são eliminadas de forma cuidadosa e consciente.

1.1.1 O que é um resíduo?

"Praticamente todos os residentes, organizações e actividades humanas geram algum tipo de resíduos. São gerados muitos tipos diferentes de resíduos, incluindo resíduos sólidos urbanos, resíduos perigosos, resíduos industriais não perigosos, resíduos agrícolas e animais, resíduos médicos, resíduos radioactivos, resíduos de construção e demolição, resíduos de extração e exploração mineira, resíduos da produção de petróleo e gás, resíduos da combustão de combustíveis fósseis e lamas de depuração. A quantidade de resíduos produzidos é influenciada pela atividade económica, pelo consumo e pelo crescimento da população.

D s sociedades desenvolvidas produzem geralmente grandes quantidades de resíduos sólidos urbanos (por exemplo, resíduos alimentares, produtos embalados, produtos descartáveis, produtos electrónicos usados) e resíduos comerciais e industriais (por exemplo, detritos de demolição, resíduos de incineração, lamas de refinaria). O acompanhamento das tendências em termos de quantidade, composição e efeitos destes materiais permite conhecer a eficiência com que a nação utiliza (e reutiliza) materiais e recursos e constitui um meio para compreender melhor os efeitos dos resíduos na saúde humana e no estado ecológico. Uma vez produzidos, os resíduos devem ser geridos através da reutilização, reciclagem, armazenamento, tratamento, recuperação de energia e/ou eliminação ou outras libertações para o ambiente.

1.1.2 O que é um resíduo eletrónico?

Por resíduos electrónicos ou lixo eletrónico entende-se os dispositivos ou componentes eléctricos ou electrónicos descartados. Sempre que um componente ou dispositivo eletrónico ou elétrico cuja vida útil tenha expirado ou esteja danificado, ou que já não seja utilizado pelas pessoas devido aos avanços tecnológicos, é considerado lixo eletrónico. Alguns dos elementos mais comuns dos resíduos electrónicos são telemóveis, computadores, computadores portáteis, discos rígidos, ventoinhas, micro-ondas, DVD, impressoras, lâmpadas, etc. Os resíduos electrónicos são um problema grave para o nosso ambiente porque libertam substâncias químicas tóxicas nocivas dos metais devido a reacções químicas e estas substâncias tóxicas prejudicam o nosso ambiente. A gestão deste tipo de resíduos é conhecida como gestão de resíduos electrónicos.

1.1.3 Gestão dos resíduos electrónicos

A gestão dos resíduos electrónicos é definida como um método holístico de eliminação dos resíduos electrónicos da terra para evitar que os seus efeitos tóxicos nocivos deteriorem a terra. Recicla e reutiliza os resíduos electrónicos que já não são necessários. Mais do que os equipamentos electrónicos danificados, os equipamentos electrónicos em funcionamento contribuem mais para os resíduos electrónicos. A razão é que, à medida que as novas tecnologias são lançadas, o equipamento eletrónico atual perde o seu encanto. As pessoas não resistem a comprar a tecnologia mais recente que oferece características melhores e mais recentes.

Os inventores tecnológicos continuam a construir equipamento avançado que torna a nossa vida mais fácil e mais confortável, mas, como subproduto disso, é gerada uma enorme quantidade de resíduos electrónicos, o que torna a gestão desses resíduos um desafio difícil. Vivemos na era da inteligência artificial e dos sistemas automatizados, o que leva à produção de enormes quantidades de chips e sensores, contribuindo assim significativamente para os resíduos electrónicos. Alguns dos outros problemas relacionados com os resíduos electrónicos são os riscos para a saúde, a falta de sensibilização para a forma de eliminar os resíduos electrónicos, o elevado custo da criação de instalações de reciclagem, etc.

A segurança dos dados é sempre uma preocupação importante, mas hoje em dia é ainda mais importante devido ao lixo eletrónico. À medida que a tecnologia vai melhorando os nossos telemóveis, computadores portáteis, tablets, computadores e outros dispositivos electrónicos, as pessoas deitam fora as versões mais antigas à medida que as versões mais recentes vão ficando disponíveis. Estes dispositivos contêm todas as informações pessoais ou confidenciais, como dados bancários, palavras-passe, informações sobre cartões de crédito, etc. O roubo de dados recupera facilmente estes dados da memória, mesmo que o utilizador apague todos os dados do dispositivo antes de o deitar fora ou de o vender.

1.1.4 Resíduos electrónicos na Índia

A Índia tornou-se o maior produtor de resíduos electrónicos, a seguir à China e aos Estados Unidos. De acordo com um relatório de 2020 do Conselho Central de Controlo da Poluição, a Índia gerou 1 014 961 toneladas de resíduos eletrónicos no ano fiscal de 2019-2020 - um aumento de 32% em relação ao ano fiscal de 2018-2019. Deste valor, o relatório concluiu que apenas 3,6% e 10% foram efetivamente recolhidos no país em 2018 e 2019, respetivamente.

O lixo eletrónico é um nome popular e informal para os produtos electrónicos que estão a chegar ao fim da sua "vida útil". Computadores, televisores, videogravadores, aparelhos de som, fotocopiadoras e faxes são produtos electrónicos comuns. Muitos destes produtos podem ser reutilizados, renovados ou reciclados. Esta lista de lixo eletrónico foi actualizada para incluir aparelhos como telemóveis inteligentes, tablets, computadores portáteis, consolas de jogos de vídeo, câmaras, bicicletas eléctricas e muitos outros. A Índia tinha 1,012 mil milhões de ligações móveis activas em janeiro de 2018. Todos os anos, este número está a crescer exponencialmente.

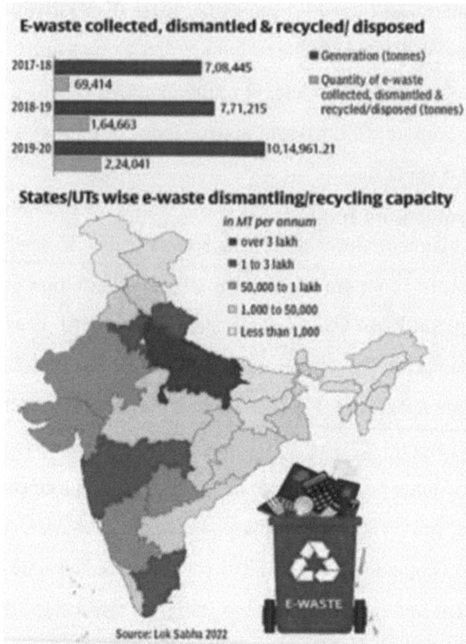

Figura 1.1 Resíduos electrónicos na Índia

1.2 Componentes e categorias de resíduos electrónicos

1.2.1 Categorias de resíduos electrónicos

O frigorífico e a máquina de lavar roupa representam os grandes electrodomésticos, o computador pessoal, o monitor e o computador portátil representam as TI e as telecomunicações e a televisão representa o equipamento de consumo. Existem sete tipos:

- Equipamento de TIC e de telecomunicações. ...

- Eletrónica de escritório. ...
- Grandes electrodomésticos. ...
- Pequenos electrodomésticos. ...
- Equipamento de consumo. ...
- Equipamento médico. ...
- Brinquedos Equipamento desportivo e de lazer.

1.2.2 Componentes dos resíduos electrónicos

Cada um destes resíduos electrónicos foi classificado em função de vinte e seis componentes comuns, que podem ser encontrados nos mesmos. Estes componentes formam os "blocos de construção" de cada artigo e, por conseguinte, são facilmente "identificáveis" e "amovíveis".Estes componentes são: metal, motor/compressor, arrefecimento, plástico, isolamento, vidro, (ecrã de cristais líquidos) LCD, borracha, cablagem/concreto elétrico, transformador, magnetrão, têxtil, placa de circuitos, lâmpada fluorescente, lâmpada incandescente, elemento de aquecimento, termóstato, plástico contendo BFR, pilhas, fluorocarbonetos (CFC/HCFC/HFC/HC), cabos eléctricos externos, fibras cerâmicas refractárias, substâncias radioactivas e condensadores electrolíticos.

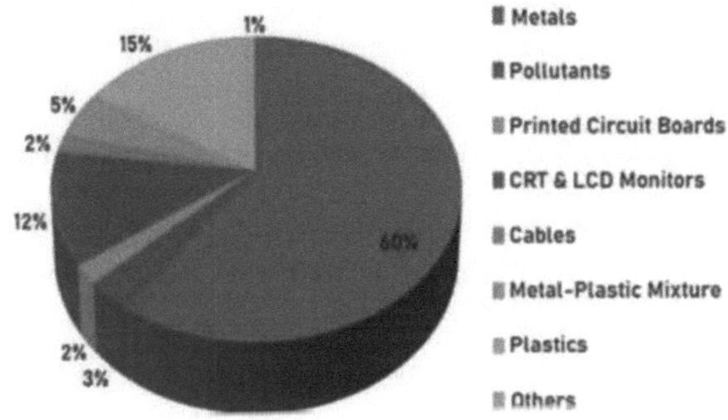

Figura 1.2 % de componentes dos resíduos electrónicos

1.2.3 Composição dos materiais dos resíduos electrónicos

A composição dos resíduos electrónicos inclui materiais como: Metais valiosos como o ouro, a platina, a prata e o paládio. Metais úteis como o cobre, o alumínio, o ferro, etc. Substâncias perigosas como isótopos radioactivos e mercúrio. Substâncias tóxicas como os PCB e as dioxinas. Plásticos como o poliestireno de alto impacto (HIPS), o acrilonitrilo butadieno-estireno (ABS), o policarbonato (PC), o óxido de polifenileno (PPO), etc. Material de vidro, como o vidro do tubo de raios catódicos, composto por SiO2, CaO, Na. Por exemplo, um telemóvel contém mais de 40 elementos, metais de base como o cobre (Cu) e o estanho (Sn), metais especiais como o lítio (Li), o cobalto (Co), o índio (In) e o antimónio (Sb) e metais preciosos como a prata (Ag), o ouro (Au) e o paládio (Pd).

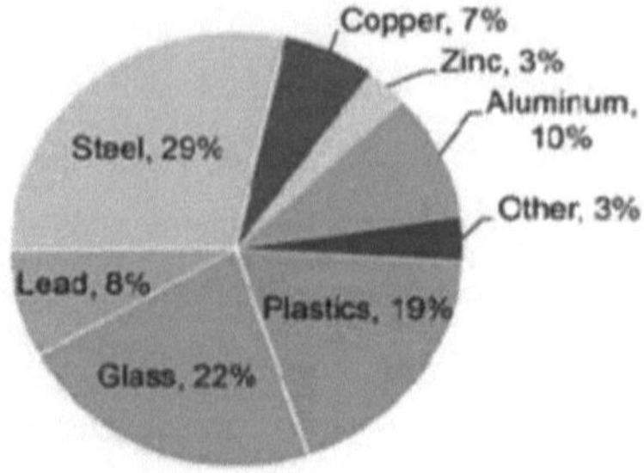

Figura 1.3 % da composição dos materiais dos resíduos electrónicos

"Uma tonelada de aparelhos de telemóvel (sem baterias) equivale a 3,5 kg de prata, 340 g de ouro, 140 g de paládio e 130 kg de cobre." (MPPI 2015)

1.3 Resíduos electrónicos no mundo, eliminação adequada dos resíduos electrónicos

O Globalewaste.org é um novo portal de fonte aberta que visualiza dados e estatísticas sobre resíduos electrónicos a nível mundial, por região e por país. Ao fornecer uma fonte única de dados nacionais comparáveis sobre resíduos electrónicos, o sítio pode ajudar os decisores políticos, a indústria, o meio académico e o público em geral a acompanhar os progressos globais no sentido da adoção de legislação sobre resíduos electrónicos e da consecução dos objectivos de reciclagem.

Os resíduos electrónicos - equipamento descartado, como telemóveis inteligentes, computadores portáteis e de secretária, frigoríficos, sensores e televisores - contêm substâncias que representam riscos substanciais para o ambiente e para a saúde, especialmente se forem tratados de forma inadequada ou eliminados de forma incorrecta. No entanto, se forem devidamente tratados através de cadeias e métodos de reciclagem adequados, os resíduos electrónicos representam uma oportunidade de recursos que vale mais de 62,5 mil milhões de dólares por ano, com o potencial de criar milhões de novos empregos dignos em todo o mundo.

O portal Globalewaste.org foi oficialmente lançado hoje pela Parceria Global para as Estatísticas de Resíduos Electrónicos. Fundada em 2017 pela União Internacional das Telecomunicações (UIT), pela Universidade das Nações Unidas (representada pelo Programa de Ciclos Sustentáveis do Vice-Reitorado da UNU na Europa) e pela Associação Internacional de Resíduos Sólidos (ISWA), a Parceria monitoriza a evolução dos resíduos eletrónicos ao longo do tempo e ajuda os países a produzir melhores estatísticas sobre resíduos eletrónicos.

1.3.1 História da regulamentação

Até 1965, não existia legislação federal que regulamentasse a eliminação de resíduos sólidos e perigosos nos Estados Unidos. A Lei da Eliminação de Resíduos Sólidos (SWDA) foi aprovada pelo Congresso em 1965. Uma alteração importante à SWDA foi a Lei de Conservação e Recuperação de Recursos (RCRA), aprovada pelo Congresso em 1976. A RCRA confere à EPA a capacidade de regular o fluxo de resíduos perigosos durante todo o tempo de vida do produto, incluindo o desenvolvimento, o transporte e a eliminação[8]. Em 1986, um navio de carga com 14 000 toneladas de resíduos tóxicos partiu de Filadélfia e viajou à volta do mundo durante mais de cinco meses, sendo continuamente rejeitado nas zonas onde tentava despejar o seu conteúdo. Por fim, grande parte dos resíduos tóxicos foi despejada no Oceano Índico. [9][10]Este acontecimento deu origem a alguns dos actuais esforços para regular os fluxos de resíduos electrónicos e garantir a saúde e a segurança do ambiente global.

O dia 14 de outubro é o Dia Internacional do Lixo Eletrónico e, para aumentar a sensibilização para este problema crescente, o Fórum dos Resíduos de Equipamentos Eléctricos e Electrónicos, ou Fórum REEE, publicou uma estatística alarmante.

O portal fornece dados sobre resíduos electrónicos para a maioria dos países, incluindo:

- a quantidade de resíduos electrónicos produzidos (no total e per capita) e eliminados antes da recolha, reutilização, tratamento ou exportação
- a quantidade de resíduos electrónicos recolhidos formalmente (no total e per capita) e regulados por leis de proteção ambiental especificamente concebidas para os resíduos electrónicos
- legislação sobre resíduos electrónicos por país

As estimativas mais recentes (ver The Global E-waste Monitor 2017) mostram que o mundo descarta atualmente cerca de 50 milhões de toneladas de resíduos electrónicos por ano - uma quantidade superior em peso a todos os aviões comerciais alguma vez fabricados - dos quais apenas cerca de 20% são formalmente reciclados.

Como exemplo do tipo de dados comparativos disponíveis através do mapa interativo do portal: Em 2016, o Japão produziu 2 139 quilotoneladas de resíduos electrónicos, dos quais apenas 26% foram recolhidos formalmente. Numa base média per capita, cada residente japonês deitou fora 16,9 quilogramas de resíduos electrónicos - menos do que os níveis médios dos EUA e da Alemanha (19,4 kg e 22,8 kg por pessoa, respetivamente), mas muito acima da média asiática per capita de 4,2 kg.

O portal também descreve em pormenor a forma como os países podem ser apoiados através de actividades de reforço de capacidades da Parceria Mundial para as Estatísticas de Resíduos Electrónicos para melhorar a recolha de dados sobre resíduos electrónicos. Todos os anos, a quantidade total de equipamento elétrico e eletrónico utilizado no mundo aumenta em 2,5 milhões de toneladas. Telefones, rádios, brinquedos, computadores portáteis - se tiverem uma fonte de alimentação ou uma bateria, é provável que se juntem a uma montanha crescente de "lixo eletrónico" após a sua utilização.

Só em 2019, o mundo gerou 53,6 milhões de toneladas de resíduos electrónicos. Isto representa cerca de 7,3 quilogramas por pessoa e um peso equivalente a 350 navios de cruzeiro. A Ásia produziu a maior parte - 24,9 milhões de toneladas - seguida das Américas (13,1 milhões de toneladas) e da Europa (12 milhões de toneladas), enquanto a África e a Oceânia geraram 2,9 e 0,7 milhões de toneladas, respetivamente.

Até 2030, é provável que o total global aumente para 74,7 milhões de toneladas, quase duplicando a quantidade anual de novos resíduos electrónicos em apenas 16 anos. Este é o fluxo de resíduos domésticos que regista o crescimento mais rápido do mundo, impulsionado principalmente pelo facto de cada vez mais pessoas comprarem produtos electrónicos com ciclos de vida mais curtos e menos opções de reparação.

Estes produtos podem ajudar a melhorar o nível de vida e é bom que cada vez mais pessoas os possam comprar. Mas a crescente procura global está a ultrapassar a nossa capacidade de reciclar ou eliminar os produtos electrónicos em segurança. Uma vez obsoletos e deitados fora, estes produtos podem acabar por se acumular no ambiente, poluindo os habitats e prejudicando as pessoas e a vida selvagem.

1.3.2 O tratamento e a eliminação seguros dos resíduos electrónicos são efectuados principalmente em 5 tipos

1. Preenchimento seguro de terrenos
2. Insinuação
3. Reciclagem
4. Recuperação de metais por via ácida
5. Reutilização

1. *Preenchimento seguro de terrenos*

Os resíduos electrónicos são construídos em terrenos planos e os poços são prensados no solo, colocando os resíduos electrónicos no seu interior.

2. *Insinuação*

- Neste processo, os resíduos electrónicos são acesos numa câmara totalmente fechada no interior do isolador a uma temperatura de 900 a 1000 graus centígrados.

- Desta forma, a quantidade de resíduos electrónicos é reduzida consideravelmente e a toxicidade da substância orgânica presente nos mesmos é reduzida de forma significativa.
- Os fumos e os gases que saem da chaminé do injetor passam pelo sistema de controlo da poluição atmosférica (APCS) e os vários tipos de metais presentes nos fumos são separados por ação química e os gases são tratados.

3. *Reciclagem*

- Podem ser reciclados dispositivos como lixo eletrónico, monitores, tubos de imagem, computadores portáteis, teclados, telefones, discos rígidos, unidades de CD, aparelhos de fax, impressoras, CPUs, cabos de modem, etc.
- Neste processo, vários metais e plásticos são sabotados separadamente e preservados para reutilização.

4. Recuperação de metais por via ácida

- Diferentes tipos de peças, como metais ferrosos e não ferrosos e placas de circuitos impressos, são separados por resíduos electrónicos.
- Diferentes tipos de metais, como o chumbo, o cobre, o alumínio, a prata, o ouro, a platina, etc., são utilizados para a recuperação de metais através da utilização de concentrados.
- Os resíduos de plástico são reciclados para reutilização.

5. Reutilização

- Os aparelhos electrónicos antigos são reparados e reutilizados.
- Computadores, telemóveis, computadores portáteis, cartões de jato de tinta, inversores, televisores/LCD, UPS, impressoras, etc., podem ser reutilizados e reutilizados de forma adequada.

Assim, ao implementar as 5 formas acima mencionadas, pode facilmente eliminar, reciclar e reutilizar os seus resíduos electrónicos de forma eficiente, o que não só o ajuda a reutilizar, como também ajuda a manter o ambiente limpo e seguro.

1.3.3. Reciclagem de resíduos electrónicos

Apenas 17,4 % dos resíduos eletrónicos de 2019 foram formalmente recolhidos e reciclados. Desde 2014, a quantidade de resíduos eletrónicos reciclados aumentou apenas 1,8 milhões de toneladas por ano. A quantidade total de resíduos eletrónicos gerados aumentou 9,2 milhões de toneladas durante o mesmo período. Ao mesmo tempo, a quantidade de resíduos electrónicos não documentados está a aumentar.

Numa nova investigação, descobrimos que a Europa tem a taxa de recolha e reciclagem mais elevada, abrangendo cerca de 42,5 % do total de resíduos electrónicos produzidos em 2019. A Ásia ficou em segundo lugar, com 11,7%, as Américas e a Oceânia foram semelhantes, com 9,4% e 8,8%, e a África teve a taxa mais baixa, com 0,9%. O que aconteceu com o resto (82,6%) do lixo eletrónico mundial gerado em 2019 não é claro. Nos países com rendimentos elevados, pensa-se que cerca de 8% dos resíduos electrónicos são depositados em caixotes do lixo, enquanto 7%-20% são exportados. Nos países com rendimentos mais baixos, a situação é menos clara, dado que os resíduos electrónicos são, na sua maioria, geridos de modo informal. Sem um sistema fiável de gestão de resíduos, é mais provável que as substâncias tóxicas contidas nos resíduos electrónicos, como o mercúrio, os retardadores de chama bromados, os clorofluorocarbonetos e os hidroclorofluorocarbonetos, sejam libertadas para o ambiente e prejudiquem as pessoas que vivem, trabalham e se divertem nas zonas de sucata de resíduos electrónicos.

O mercúrio é utilizado nos monitores de computador e na iluminação fluorescente, mas a sua exposição pode provocar lesões cerebrais. Calculámos que cerca de 50 toneladas de mercúrio estão contidas nestes fluxos não documentados de resíduos electrónicos que acabam no ambiente todos os anos.

Mas o lixo eletrónico não representa apenas um risco para a saúde. Também contribui diretamente para o aquecimento global. O equipamento de permuta de temperatura deitado fora, que se encontra nos frigoríficos e nos aparelhos de ar condicionado, pode libertar lentamente gases com efeito de estufa. Pensa-se que, todos os anos, cerca de 98 milhões de toneladas são libertadas das sucatas, o que equivale a 0,3% das emissões globais do sector da energia.

Para além das toxinas, os resíduos electrónicos também contêm metais preciosos e matérias-primas úteis, como o ouro, a prata, o cobre e a platina. O valor total de tudo isto descartado como lixo eletrónico em 2019 foi avaliado, de forma conservadora, em 57 mil milhões de dólares (45 mil milhões de libras) - uma soma superior ao PIB da maioria dos países. Mas como apenas 17,4% dos resíduos electrónicos de 2019 foram recolhidos e reciclados, apenas 10 mil milhões de dólares foram recuperados de uma forma ambientalmente responsável. Apenas 4 milhões de toneladas de matérias-primas foram disponibilizadas para reciclagem.

Felizmente, o mundo está a despertar lentamente para a dimensão deste problema. No final de 2019, 78 países, abrangendo 71% da população mundial, tinham uma política de gestão de resíduos eletrónicos ou estavam a implementar regulamentação - um aumento de 5% em relação a 2017. Mas em muitos destes países, as políticas ainda não são juridicamente vinculativas e a regulamentação não é aplicada. Enquanto investigadores, continuaremos a monitorizar os resíduos electrónicos no mundo para apoiar a criação de uma economia circular e de sociedades sustentáveis. Esperamos que os nossos esforços para monitorizar este problema crescente possam incentivar os governos a agir com uma urgência que reflicta a escala do desafio, com leis e medidas de execução que possam aumentar drasticamente a proporção de resíduos electrónicos reciclados em segurança.

1.3.4 Qual o destino do seu lixo eletrónico?

Todos os resíduos electrónicos são constituídos por substâncias químicas mortais, como o chumbo, o cádmio, o berílio, o mercúrio e os retardadores de chama bromados. A eliminação incorrecta de aparelhos e dispositivos aumenta as probabilidades de estes produtos químicos perigosos contaminarem o solo, poluírem o ar e se infiltrarem nas massas de água.

Quando os resíduos electrónicos são depositados num aterro, têm tendência a lixiviar-se quando a água passa através deles, recolhendo vestígios de elementos. Depois disso, a água contaminada do aterro atinge as águas subterrâneas naturais com níveis tóxicos mais elevados, o que pode ser prejudicial se entrar em qualquer massa de água potável.

Apesar de ser uma abordagem amiga do ambiente, a reciclagem conduz geralmente ao envio para o estrangeiro e ao despejo dos aparelhos, que são enterrados em buracos. Pior ainda é o facto de algumas empresas de reciclagem enviarem o lixo eletrónico para países do terceiro mundo, disfarçando-o de filantropia.

Nesses países, muitas crianças ganham a vida a recolher ouro, prata, ferro e cobre dos resíduos tecnológicos, o que é prejudicial para a sua saúde. Os países que são utilizados como lixeiras têm normalmente taxas elevadas de cibercrime, uma vez que os discos rígidos recuperados podem dar aos criminosos acesso direto aos seus ficheiros e informações pessoais.

Eis algumas técnicas ecológicas de eliminação de resíduos que pode utilizar para eliminar localmente o lixo eletrónico:

1. Entregue o seu lixo eletrónico a um reciclador de lixo eletrónico certificado

O aspeto positivo da reciclagem de resíduos electrónicos é que existem várias opções de reciclagem.

É necessário encontrar uma empresa de reciclagem de resíduos electrónicos que seja oficialmente certificada pela Rede de Ação de Basileia (BAN). A BAN é uma organização sem fins lucrativos de empresas de reciclagem que se dedicam à reciclagem de resíduos electrónicos de uma forma segura e responsável. Todos os membros têm de assumir um compromisso e exibir os seus Compromissos de Reciclagem Responsável. Assim, trabalhar com uma empresa de reciclagem certificada significa que não tem de se preocupar com a poluição de outra nação ou com o risco de perder os seus dados pessoais para os criminosos.

Precauções a tomar antes de doar ou reciclar os seus aparelhos electrónicos

- Actualize o seu computador em vez de o substituir simplesmente
- Formatar todas as informações pessoais dos seus produtos antes de os deitar fora
- Retire as pilhas dos seus aparelhos antes de os deitar fora

2. Venda a sua tecnologia desactualizada

O lixo de um homem é o tesouro de outro, como diz o velho ditado. Isto pode ser aplicado para o ajudar a livrar-se dos seus aparelhos electrónicos antigos. Pode recorrer a sites online como o craigslist, o eBay ou até mesmo a uma venda de garagem, pois isso ajudá-lo-á a livrar-se dos seus aparelhos electrónicos obsoletos e a ganhar algum dinheiro. Um exemplo disso são os jogos de vídeo Nintendo antigos, que podem ser vendidos por 40 dólares cada. A maior parte das lojas de eletrónica estão sempre prontas a comprar os seus aparelhos antigos.

3. Doação de tecnologia obsoleta

Os aparelhos antigos de que já não precisa podem ser doados, pois podem ser úteis a outros. O seu computador antigo pode ser útil para uma ONG ou para estudantes. Antes de se desfazer dos seus aparelhos electrónicos antigos, deve colocar a si próprio estas duas questões:

- O aparelho eletrónico está a funcionar?
- O computador tem alguma informação pessoal sua?

Muitas organizações e empresas oferecem programas de donativos electrónicos que pode escolher.

4. Visitar instituições cívicas

Informe-se junto do seu governo, universidades e escolas sobre quaisquer programas de reciclagem que tenham em curso, uma vez que muitas organizações começaram a atribuir um determinado dia e local para que os cidadãos com consciência ambiental possam entregar o seu lixo eletrónico.

5. Retribua às suas empresas e pontos de entrega de produtos electrónicos

Muitas empresas de produtos electrónicos tendem a ter uma política de troca através da qual aceitam os seus aparelhos antigos quando compra uma versão posterior, oferecendo-lhe por vezes um desconto na sua nova compra. Algumas empresas de reciclagem criaram iniciativas de entrega de produtos electrónicos, juntamente com pontos de entrega de produtos como telemóveis e tablets, após o que estes são reciclados. Pode informar-se junto das lojas de eletrónica da sua área sobre os locais de entrega.

- **Proteger o ambiente e as suas informações sensíveis**

Hoje em dia, os aparelhos electrónicos são uma parte importante das nossas vidas, mas o reverso da medalha é o lixo eletrónico que os acompanha. Por isso, certifique-se de que formata os seus aparelhos electrónicos antes de os eliminar de forma adequada, pois as consequências de não o fazer podem ser dolorosas.

Unidade 2

2.1 Resíduos electrónicos

Os "resíduos electrónicos" referem-se a qualquer dispositivo eletrónico não desejado e são classificados como resíduos universais. Os resíduos electrónicos contêm frequentemente materiais perigosos, predominantemente chumbo e mercúrio, e são produzidos por agregados familiares, empresas, governos e indústrias.

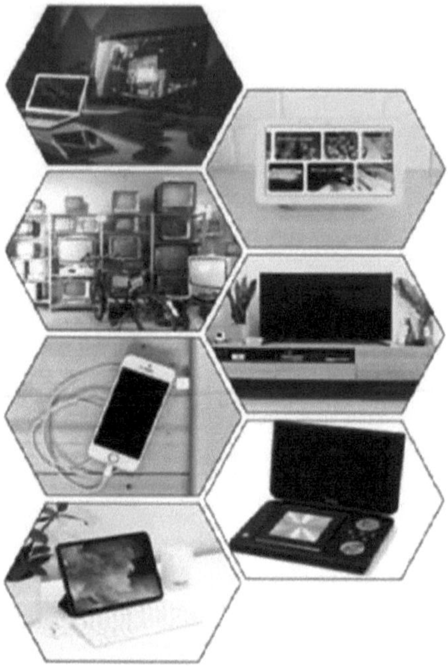

Figura 2.1 Materiais de resíduos electrónicos

Alguns exemplos de resíduos electrónicos são:

- Antigos televisores de tubo CRT
- Televisores LCD, OLED e Plasma
- Monitores LCD, ecrãs inteligentes e tablets
- Computadores portáteis com monitores LCD
- Monitores de secretária, computadores portáteis e tablets OLED
- Computadores, monitores de computador e impressoras
- Videogravadores
- Leitores de DVD portáteis com ecrãs de vídeo
- Telemóveis e telefones, rádios

Os resíduos electrónicos estão a emergir como um grave problema de saúde pública e ambiental na Índia. A Índia é o "terceiro maior produtor de resíduos electrónicos do mundo"; são produzidas anualmente cerca de 2 milhões de toneladas de resíduos electrónicos e uma quantidade não revelada de resíduos electrónicos é importada de outros países do mundo.

Os resíduos electrónicos são perigosos porque **os componentes utilizados para fabricar dispositivos como computadores portáteis, telemóveis e televisores contêm metais e químicos conhecidos por prejudicarem a saúde humana**. As crianças, que são especialmente vulneráveis aos efeitos dos resíduos electrónicos, trabalham, vivem e brincam frequentemente nos centros de reciclagem de resíduos electrónicos ou perto deles.

2.1.1 Como podemos reduzir, reutilizar e reciclar:

"Os resíduos electrónicos a nível mundial são o fluxo de resíduos com crescimento mais rápido",

1. **Reduzir**

Estamos a utilizar cada vez mais aparelhos e a substituí-los com maior frequência. A mudança deste hábito depende tanto do consumidor - que deveria ser menos suscetível às estratégias de marketing que incentivam o consumo - como dos fabricantes, que adoptam cada vez mais políticas como a conceção ecológica.

2. **Reutilização**

Os especialistas em reciclagem eletrónica recomendam que os amigos ou familiares herdem os aparelhos que ainda funcionam ou que os ofereçam no mercado de segunda mão. Há também a possibilidade de os doar a instituições de caridade especializadas.

3. **Reciclar**

Quando o aparelho já não funciona e não há hipótese de ser utilizado por alguém próximo, a opção deve ser a reciclagem. Uma opção para o consumidor é entregar o aparelho antigo na loja onde está a ser comprado o novo, ou numa empresa especializada em renovação eletrónica.

2.1.2 Toxicidade dos resíduos electrónicos

O lixo eletrónico contém componentes tóxicos que são perigosos para a saúde humana, como mercúrio, chumbo, cádmio, retardadores de chama polibromados, bário e lítio. Os efeitos negativos destas toxinas na saúde humana incluem danos no cérebro, no coração, no fígado, nos rins e no sistema esquelético. Outros impactos adversos na saúde das crianças associados aos resíduos electrónicos incluem alterações na função pulmonar, efeitos respiratórios e respiratórios, danos no ADN, perturbações na função da tiroide e aumento do risco de algumas doenças crónicas mais tarde na vida, como o cancro e as doenças cardiovasculares. Apenas 17,4% destes resíduos electrónicos, que contêm uma mistura de substâncias nocivas e materiais preciosos, serão registados como tendo sido devidamente recolhidos, tratados e reciclados.

Um relatório da Toxics Link concluiu que 70% dos resíduos electrónicos recolhidos nas unidades de reciclagem de Nova Deli, na Índia, eram efetivamente exportados ou despejados pelos países desenvolvidos e que cerca de 50-80% dos resíduos electrónicos recolhidos para reciclagem na parte ocidental dos EUA estão a ser exportados para a Ásia, cerca de 90% dos quais são enviados para a China para reciclagem.

No entanto, as técnicas de reciclagem nestes países são frequentemente rudimentares e não dispõem de instalações adequadas; os processos incluem a varredura do toner, o desmantelamento de equipamentos electrónicos, a venda de monitores de computador a operações de recuperação de cobre, a fragmentação e fusão de plásticos, a queima de fios para recuperar o cobre, o aquecimento de placas de circuitos em blocos de carvão alveolado e a utilização de decapantes químicos ácidos para recuperar ouro e outros metais. Além disso, a queima a céu aberto de resíduos electrónicos indesejados e a sua deposição a céu aberto foram detectadas universalmente. Estas operações de recuperação não regulamentadas e a deposição facultativa dos resíduos electrónicos resultaram numa contaminação grave e complexa do ambiente circundante por produtos químicos tóxicos, que podem expor os trabalhadores e os residentes locais através da inalação, da exposição cutânea e mesmo da ingestão oral (de alimentos contaminados), sendo o risco para a saúde mais elevado para os trabalhadores. Uma vez absorvidos pelo organismo, estes compostos não podem ser armazenados, transportados, tratados e eliminados, nem existe qualquer controlo eficaz da gestão dos resíduos electrónicos. Assim, a co-eliminação de resíduos electrónicos com resíduos domésticos em lixeiras a céu aberto é geralmente praticada em muitos países em desenvolvimento, causando graves danos ao ambiente e à saúde humana.

2.2 Efeitos dos resíduos electrónicos na saúde

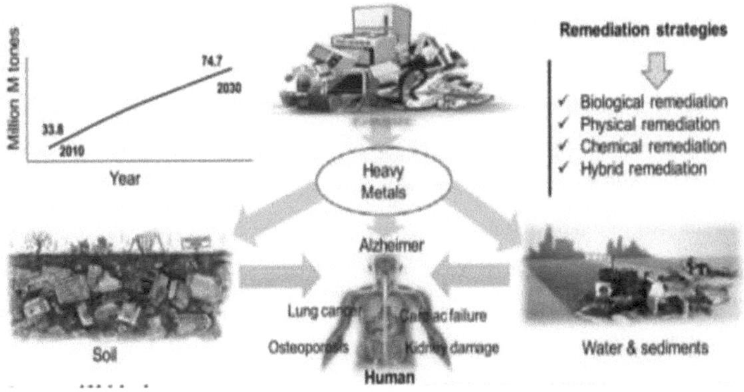

Figura 2.2 Efeitos dos resíduos electrónicos na saúde

O lixo eletrónico contém **componentes tóxicos que são perigosos para a saúde humana**, como mercúrio, chumbo, cádmio, retardadores de chama polibromados, bário e lítio. Os efeitos negativos destas toxinas na saúde humana incluem danos no cérebro, no coração, no fígado, nos rins e no sistema esquelético. Os resíduos electrónicos **podem ser tóxicos, não são biodegradáveis e acumulam-se no ambiente, no solo, no ar, na água e nos seres vivos.** Por exemplo, a queima ao ar livre e os banhos de ácido utilizados para recuperar materiais valiosos dos componentes electrónicos libertam materiais tóxicos que são lixiviados para o ambiente.

Electronic Products	Hazardous Materials	Health Effects from Improper Disposal
Batteries	Cadmium, lead and mercury	• Birth defects • Brain, heart, liver, kidney and skeletal system damage • Nervous system damage • Reproductive damage
Computer monitors and televisions	Lead in glass cathode ray tubes (CRTs)	
Electronic switches, light devices and flat screen displays	Mercury	
Printed circuit boards	Lead, chromium and mercury	
Solder on circuit boards	Lead	
Older televisions, computers and electrical appliances	PCBs (polychlorinated biphenyls)	

Quadro 2.1 E-produtos e respectivos materiais perigosos

2.3. Exposição e impactos nas crianças

O lixo eletrónico, ou e-waste, é o fluxo de resíduos domésticos que mais cresce no mundo. De acordo com a Global E-waste Statistics Partnership (GESP), em 2019 foi produzido um recorde de 53,6 milhões de toneladas de resíduos eletrónicos a nível mundial, o que representa um aumento de 21 % em apenas cinco anos. Até 2050, o volume de resíduos eletrónicos poderá atingir 120 milhões de toneladas por ano. Prevê-se que este crescimento se mantenha à medida que a utilização de computadores, telemóveis e outros equipamentos eletrónicos continua a aumentar, a par da obsolescência de equipamentos mais antigos. Atualmente, apenas 17,4% destes resíduos são reciclados de forma responsável, sendo os restantes depositados ilegalmente, na sua esmagadora maioria em países de baixo ou médio rendimento, onde são reciclados por trabalhadores informais. A eliminação segura dos resíduos electrónicos é perigosa, complexa e dispendiosa. Alguns resíduos electrónicos acabam em contentores de lixo normais, enquanto quantidades significativas são enviadas para países de baixo e médio rendimento, muitas vezes ilegalmente. Como já foi referido, os resíduos electrónicos contêm componentes tóxicos perigosos para a saúde humana, como o mercúrio, o chumbo, o cádmio, os retardadores de chama polibromados, o bário e o lítio. Os efeitos negativos destas toxinas na saúde humana incluem **danos no cérebro, no coração, no fígado, nos rins e no sistema esquelético**.

Os resíduos electrónicos podem ser tóxicos, não são biodegradáveis e acumulam-se no ambiente, no solo, no ar, na água e nos seres vivos. Por exemplo, a queima ao ar livre e os banhos de ácido utilizados para recuperar materiais valiosos dos componentes electrónicos libertam materiais tóxicos que são lixiviados para o ambiente. Estas práticas podem também expor os trabalhadores a níveis elevados de contaminantes como o chumbo, o mercúrio, o berílio, o tálio, o cádmio e o arsénico, bem como a retardadores de chama bromados (BFR) e bifenilos policlorados, que podem provocar efeitos irreversíveis na saúde, incluindo cancros, abortos espontâneos, danos neurológicos e diminuição do QI.

Um relatório da OMS sobre resíduos electrónicos e saúde infantil Crianças e lixeiras digitais, publicado em junho de 2021, apela a uma ação urgente, eficaz e vinculativa para proteger os milhões de crianças, adolescentes e grávidas em todo o mundo cuja saúde é posta em causa pelo processamento informal de dispositivos eléctricos ou electrónicos descartados. Cerca de 12,9 milhões de mulheres trabalham no sector informal dos resíduos, o que as expõe potencialmente a resíduos electrónicos tóxicos e as coloca em risco, bem como aos seus filhos por nascer. Entretanto, mais de 18 milhões de crianças e adolescentes, alguns com apenas 5 anos de idade, estão ativamente envolvidos no sector industrial informal, do qual o processamento de resíduos é um subsector. As crianças são frequentemente envolvidas pelos pais ou cuidadores na reciclagem de resíduos electrónicos porque as suas mãos pequenas são mais hábeis do que as dos adultos. Outras crianças vivem, vão à escola e brincam perto de centros de reciclagem de resíduos electrónicos, onde os elevados níveis de produtos químicos tóxicos, principalmente chumbo e mercúrio, podem prejudicar as suas capacidades intelectuais. As toxinas dos resíduos electrónicos afectam partes do corpo.

Quadro 2.2 Componentes das partes do corpo afectadas

COMPONENTES	CONSTITUINTES	PARTES DO CORPO AFECTADAS
Placas de circuitos impressos	Chumbo e cádmio	Sistema nervoso e rim
Placas-mãe	Berílio	Pulmão e pele
CRT Tubos de raios catódicos	Óxido de chumbo, bário e cádmio	Coração, fígado e músculos
Interruptores e monitores de ecrã plano	Mercúrio	Cérebro e pele
Computador	Cádmio	Rim, fígado
Isolamento de cabos	PVC Policloreto de vinilo	Sistema imunitário
Caixa de plástico	Bromo	Sistema endócrino

As crianças expostas aos resíduos electrónicos são particularmente vulneráveis aos produtos químicos tóxicos que contêm devido ao seu tamanho mais pequeno, aos órgãos menos desenvolvidos e ao rápido ritmo de crescimento e desenvolvimento. Absorvem mais poluentes em relação ao seu tamanho e são menos capazes de metabolizar ou erradicar substâncias tóxicas dos seus corpos.

2.3.1 Conclusão

A gestão dos resíduos sólidos, que já é uma tarefa gigantesca na Índia, está a tornar-se mais complicada com a invasão dos resíduos electrónicos, em especial dos resíduos informáticos. Existe uma necessidade urgente de uma avaliação pormenorizada do cenário atual e futuro, incluindo a quantificação, as características, as práticas de eliminação existentes, os impactos ambientais, etc. É necessário criar infra-estruturas institucionais, incluindo a recolha, transporte, tratamento, armazenamento, valorização e eliminação de resíduos electrónicos, a nível nacional e/ou regional, para uma gestão ambientalmente correcta dos resíduos electrónicos. Deve ser incentivada a criação de centros de recolha, troca e reciclagem de resíduos electrónicos em parceria com empresários e fabricantes privados. Devem ser criadas instalações-modelo que utilizem tecnologias e métodos ambientalmente correctos para a reciclagem e valorização.

Devem ser desenvolvidos critérios para a valorização e eliminação dos resíduos electrónicos. As intervenções a nível político devem incluir o desenvolvimento de regulamentação sobre resíduos electrónicos, o controlo da importação e exportação de resíduos electrónicos e a facilitação do desenvolvimento de infra-estruturas. Um programa de retoma eficaz que incentive os produtores a conceberem produtos que produzam menos resíduos, contenham menos componentes tóxicos e sejam mais fáceis de desmontar, reutilizar e reciclar pode ajudar a reduzir os resíduos. Deve estabelecer metas para a recolha e a reutilização/reciclagem, impor requisitos de informação e incluir mecanismos de aplicação e sistemas de depósito/reembolso para incentivar os consumidores a devolverem os dispositivos electrónicos para recolha e reutilização/reciclagem. A gestão do fim de vida deve ser considerada uma prioridade na conceção de novos produtos electrónicos.

2.4 Gestão de resíduos electrónicos, questões e desafios da gestão de resíduos electrónicos

De acordo com o relatório, o tratamento incorreto dos resíduos electrónicos está a resultar numa perda significativa de matérias-primas escassas e valiosas, incluindo metais preciosos como o neodímio (vital para os ímanes dos motores), o índio (utilizado nos televisores de ecrã plano) e o cobalto (para as baterias). Quase nenhum mineral de terras raras é extraído da reciclagem informal; a sua extração é poluente. No entanto, os metais contidos nos resíduos electrónicos são difíceis de extrair; por exemplo, as taxas totais de recuperação do cobalto são apenas de 30% (apesar de existir tecnologia capaz de reciclar 95%). No entanto, este metal é muito procurado para baterias de computadores portáteis, smartphones e automóveis eléctricos. Os metais reciclados são também duas a dez vezes mais eficientes do ponto de vista energético do que os metais fundidos a partir de minério virgem. Além disso, a extração de produtos electrónicos fora de uso produz 80% menos emissões de dióxido de carbono por unidade de ouro do que a extração a partir do solo. Em 2015, a extração de matérias-primas foi responsável por 7% do consumo mundial de energia. Isto significa que a utilização de mais matérias-primas secundárias nos produtos electrónicos poderia ajudar consideravelmente a atingir os objectivos estabelecidos no Acordo de Paris sobre as alterações climáticas.

2.4.1 Desafiantes

As taxas de reciclagem a nível mundial são baixas. Mesmo na UE, que é líder mundial na reciclagem de resíduos electrónicos, apenas 35% dos resíduos electrónicos são oficialmente declarados como devidamente recolhidos e reciclados. A nível mundial, a média é de 20%; os restantes 80% não estão documentados, acabando grande parte por ficar enterrada no solo durante séculos como aterro. Os resíduos electrónicos não são biodegradáveis. A falta de reciclagem pesa muito na indústria eletrónica mundial e, à medida que os aparelhos se tornam mais numerosos, mais pequenos e mais complexos, o problema agrava-se. Atualmente, a reciclagem de alguns tipos de resíduos electrónicos e a recuperação de materiais e metais é um processo dispendioso. A restante massa de resíduos electrónicos - principalmente plásticos misturados com metais e produtos químicos - coloca um problema mais difícil de resolver.

É necessária uma nova visão para a produção e o consumo de produtos electrónicos e eléctricos. É fácil enquadrar os resíduos electrónicos como um problema pós-consumo, mas a questão abrange o ciclo de vida dos dispositivos que todos utilizam.

Designers, fabricantes, investidores, comerciantes, mineiros, produtores de matérias-primas, consumidores, decisores políticos e outros têm um papel crucial a desempenhar na redução dos resíduos, na retenção de valor no sistema, no prolongamento da vida económica e física de um artigo, bem como na sua capacidade de ser reparado, reciclado e reutilizado. As mudanças tecnológicas, como a computação em nuvem e a Internet das coisas (loT), podem ter o potencial de "desmaterializar" a indústria eletrónica. O surgimento de modelos de negócio de serviços e um melhor controlo e retoma dos produtos poderão conduzir a cadeias de valor circulares globais.

A eficiência dos materiais, as infra-estruturas de reciclagem e o aumento do volume e da qualidade dos materiais reciclados para satisfazer as necessidades das cadeias de abastecimento da eletrónica serão essenciais. Se o sector for apoiado com a combinação certa de políticas e gerido da forma correcta, poderá também levar à criação de milhões de empregos dignos em todo o mundo.

A indústria eletrónica é a maior e mais inovadora indústria do mundo no seu género. Todos os anos, toneladas de artigos electrónicos são transportados através dos oceanos. No entanto, após a sua utilização, tornam-se resíduos complexos, constituídos por muitos metais pesados perigosos, ácidos, produtos químicos tóxicos e plásticos não degradáveis. Muitos são deitados fora, queimados ou exportados para recicladores. A maior parte dos recicladores electrónicos exporta os materiais tóxicos, como vidro com chumbo, placas de circuitos e lâmpadas de mercúrio, geralmente para a China, África e Índia. O fumo e as partículas de poeira são constituídos por substâncias cancerígenas e outros produtos químicos perigosos que provocam inflamações e lesões graves, incluindo muitas doenças respiratórias e cutâneas.

Os circuitos são queimados para se encontrarem metais valiosos como o ouro, a platina e o cádmio, mas o revestimento dos fios é feito de PVC, que produz fumo erótico, e as partículas de carbono dos toners são cancerígenas, podendo provocar cancro do pulmão e da pele. De acordo com os dados recebidos em 2007, cerca de 70 % dos resíduos electrónicos do mundo chegam à China e o resto a África e à Índia. Devido à mão de obra barata, estes países tornaram-se a estação de despejo mundial de resíduos electrónicos. No Gana, cerca de 20% da população trabalha com resíduos electrónicos, que são utilizados depois de recondicionados. A pobreza é a principal razão para os países do terceiro mundo consumirem resíduos electrónicos provenientes da Europa e dos EUA.

2.4.2 Cenário dos resíduos electrónicos

A Rede de Ação de Basileia (BAN), que trabalha para a prevenção da globalização de produtos químicos tóxicos, afirmou num relatório que 50 a 80% do lixo eletrónico recolhido pelos EUA é exportado para a Índia, China, Paquistão, Taiwan e vários países africanos. Isto deve-se ao facto de nesses países existir mão de obra mais barata para a reciclagem. Além disso, nos EUA, a exportação de resíduos electrónicos é legal. A reciclagem e a eliminação de resíduos electrónicos na China, na Índia e no Paquistão são altamente poluentes. Ultimamente, a China tem proibido a importação de resíduos electrónicos. A exportação de resíduos electrónicos pelos EUA é vista como uma falta de responsabilidade por parte do Governo Federal, da indústria eletrónica, dos consumidores, dos recicladores e dos governos locais no que respeita a opções viáveis e sustentáveis para a eliminação dos resíduos electrónicos.

Na Índia, a reciclagem de resíduos electrónicos é quase inteiramente deixada ao sector informal, que não dispõe de meios adequados para lidar com as quantidades crescentes ou com determinados processos, o que conduz a riscos intoleráveis para a saúde humana e o ambiente.

2.4.3 Resíduos electrónicos na Índia

As TI e as telecomunicações são os dois sectores de crescimento mais rápido no país. Em 2011, a Índia atingiu uma penetração de 95 PC por 1000, contra os 14 por 1000 registados em 2008. Os indianos não deitam fora os seus telemóveis, mas passam-nos a um novo utilizador de gama baixa que, por sua vez, os deita fora na feira da ladra, de onde os instrumentos chegam aos Kabadiwallas. A Índia é o quinto maior produtor de resíduos electrónicos do mundo, tendo-se desfeito de 1,7 milhões de toneladas (Mt) de equipamento eletrónico e elétrico em 2014. Na Índia, a recolha, o transporte, a separação, o desmantelamento, a reciclagem e a eliminação dos resíduos electrónicos são efectuados manualmente por trabalhadores sem formação no sector informal.

Devido à falta de sensibilização e de consciencialização, os resíduos electrónicos são deitados fora juntamente com o lixo, que é recolhido e separado por catadores de lixo. Os resíduos electrónicos contêm materiais reutilizáveis e preciosos. Os apanhadores de trapos vendem estes resíduos electrónicos a sucateiros e asseguram a sua subsistência. Os sucateiros fornecem os resíduos electrónicos às indústrias de reciclagem. As empresas de reciclagem utilizam tecnologias e equipamentos antigos e perigosos para reciclar/tratar os resíduos electrónicos. A Índia produz cerca de 12,5 lakh MT de resíduos electrónicos por ano. A Índia ocupa o 155.º lugar entre 178 países no Índice de Desempenho Ambiental. Também está mal classificada em vários indicadores, como 127 em perigos para a saúde, 174 em qualidade do ar, 124 em água e saneamento.

A gestão ambientalmente correcta (ESM) dos resíduos electrónicos também melhorará a classificação da Índia nestes domínios. A Índia está a ser utilizada como local de despejo de resíduos electrónicos por muitos países desenvolvidos. A figura mostra a percentagem de importações de resíduos electrónicos de diferentes países para a Índia. Analisando a quota-parte de cada país nas importações de resíduos electrónicos da Índia, os EUA têm uma quota máxima de cerca de 42%, a China de cerca de 30%, seguida da Europa de cerca de 18% e os restantes 10% de outros países como Taiwan, Coreia do Sul, Japão, etc.

2.4.4 Questões

1. Volume de resíduos electrónicos produzidos-

A Índia ocupa o quinto lugar na produção de resíduos electrónicos, produzindo cerca de 1,7 lakhs de toneladas métricas por ano

2. Envolvimento de trabalho infantil

Na Índia, observa-se que cerca de 4,5 lakh de crianças trabalhadoras na faixa etária dos 10 aos 14 anos estão envolvidas em várias actividades relacionadas com os resíduos electrónicos, sem proteção e salvaguardas adequadas em vários estaleiros e oficinas de reciclagem. Por conseguinte, é urgente elaborar legislação eficaz para impedir a entrada de trabalho infantil no mercado dos resíduos electrónicos - a sua recolha, separação e distribuição.

3. Legislação ineficaz-

Não existe qualquer informação pública na maioria dos sítios Web dos SPCB/PCC. 15 dos 35 OPC/PCC não têm qualquer informação relacionada com os resíduos electrónicos nos seus sítios Web, o seu principal ponto de interface com o público. Nem mesmo as regras e orientações básicas relativas aos resíduos electrónicos foram carregadas. Na ausência de qualquer informação nos seus sítios Web, especialmente sobre os pormenores relativos aos recicladores e aos colectores de resíduos electrónicos, os cidadãos e os produtores institucionais de resíduos electrónicos não têm qualquer possibilidade de lidar com os seus resíduos e não sabem como cumprir a sua responsabilidade. Por conseguinte, a aplicação das regras de gestão e manuseamento de resíduos electrónicos de 2012 não é bem sucedida.

4. Falta de infra-estruturas

Existe um enorme fosso entre as actuais instalações de reciclagem e recolha e a quantidade de resíduos electrónicos que está a ser produzida. Não existem mecanismos de recolha e retoma. Faltam instalações de reciclagem.

5. Perigos para a saúde-

Os resíduos electrónicos contêm mais de 1000 materiais tóxicos, que contaminam o solo e as águas subterrâneas. A exposição pode causar dores de cabeça, irritabilidade, náuseas, vómitos e dores nos olhos. Os recicladores podem sofrer de perturbações hepáticas, renais e neurológicas. Devido à falta de sensibilização, estão a pôr em risco a sua saúde e também o ambiente.

6. Falta de regimes de incentivos

Não existem orientações claras para o sector não organizado lidar com os resíduos electrónicos. Também não são mencionados incentivos para levar as pessoas envolvidas a adotar uma via formal para o tratamento dos resíduos electrónicos. As condições de trabalho no sector informal da reciclagem são apenas ligeiramente piores do que no sector formal. Não existem regimes de incentivo para os produtores que estão a fazer alguma coisa para tratar os resíduos electrónicos.

7. Fraca consciencialização e sensibilização

Alcance e sensibilização limitados no que respeita à eliminação, depois de determinado o fim da vida útil. Além disso, apenas 2% das pessoas pensam no impacto ambiental ao eliminarem os seus equipamentos eléctricos e electrónicos usados.

8. Importações de resíduos electrónicos

Fluxo transfronteiriço de resíduos de equipamentos para a Índia - 80% dos resíduos electrónicos nos países desenvolvidos destinados a reciclagem são enviados para países em desenvolvimento como a Índia, a China, o Gana e a Nigéria.

9. Relutância das autoridades em envolver-se-

Falta de coordenação entre as várias autoridades responsáveis pela gestão e eliminação dos resíduos electrónicos, incluindo o não envolvimento dos municípios.

10. Implicações para a segurança

Os computadores em fim de vida contêm frequentemente informações pessoais sensíveis e dados de contas bancárias que, se não forem apagados, dão azo a fraudes.

2.5. Regulamentação relativa à gestão dos resíduos electrónicos

1. O Governo da Índia (GI) introduziu as regras de gestão dos resíduos electrónicos em 2016. As regras aplicam-se às empresas que produzem resíduos electrónicos.
2. As regras especificam que as empresas devem tomar medidas para a eliminação segura dos artigos electrónicos fora de uso.
3. As regras são geridas pelo Ministério do Ambiente, das Florestas e das Alterações Climáticas.
4. A decomposição dos artigos electrónicos exigirá uma metodologia mais prolongada e diferente, pelo que as empresas são convidadas a separar os resíduos na fonte.
5. As regras de gestão dos resíduos electrónicos mencionam o limite máximo para os produtos químicos perigosos utilizados no fabrico de produtos electrónicos.

Estas regras aplicam-se aos fabricantes, grossistas e retalhistas que comercializam qualquer um dos seguintes artigos:

- Instrumentos centralizados de processamento de dados, computadores, dispositivos de entrada e saída utilizados em conjunto com CPUs e computadores portáteis.
- Impressoras, cartuchos de impressora, equipamento de cópia
- Máquinas de escrever eléctricas e electrónicas, máquinas de telex, telefones, telemóveis, aparelhos de televisão [LCD e LED]
- Frigoríficos, máquinas de lavar roupa, aparelhos de ar condicionado
- Lâmpadas fluorescentes, lâmpadas que contêm mercúrio e outros artigos eléctricos e electrónicos de consumo.
- Estas regras aplicam-se igualmente aos retalhistas electrónicos e aos armazenistas.

Uma empresa que fabrica artigos eléctricos e electrónicos deve seguir as regras mencionadas abaixo:

- A empresa deve garantir que a concentração dos seguintes produtos químicos se encontra dentro dos limites a seguir especificados:
- Os produtos químicos chumbo, mercúrio, crómio hexavalente, bifenilos polibromados e éteres difenílicos polibromados podem ser adicionados até 0,1% do peso total do produto.
- O cádmio químico pode ser adicionado até 0,01% do peso total do produto.
- A empresa deve tomar medidas para recolher os artigos eléctricos e electrónicos que tenham chegado ao fim da sua vida útil.
- Deve ser afixado um símbolo para indicar que o produto não deve ser eliminado juntamente com os resíduos normais.
- A empresa deve assegurar que os produtos que contêm mercúrio sejam devidamente imobilizados antes de serem enviados para o desmantelador ou reciclador. A imobilização de produtos químicos que contêm mercúrio assegura que o mercúrio é convertido da sua forma perigosa para uma forma mais segura. Deste modo, a possibilidade de poluição ambiental é minimizada.
- O prazo máximo permitido para a armazenagem de resíduos electrónicos é de 180 dias. O Conselho Estatal de Controlo da Poluição (SPCB) tem o poder de alargar o prazo até 365 dias.

As funções do departamento de recolha, tratamento e eliminação de resíduos electrónicos são as seguintes

- Fornecer uma plataforma de interação com os clientes que desejam devolver artigos electrónicos antigos à empresa
- Recolher os objectos e conservá-los de forma a não causar danos ao ambiente
- Para encaminhar os objectos para o desmantelador ou para o reciclador
- Assegurar a disponibilidade de um endereço específico, de um endereço de correio eletrónico e de um número de telefone de assistência gratuito para os clientes contactarem quando quiserem devolver os artigos electrónicos usados
- Assegurar que qualquer depósito feito por um cliente no momento da compra é reembolsado quando o produto é devolvido e colocado diretamente nos aterros.

Unidade 3

3.1 Oportunidades da gestão dos resíduos electrónicos na Índia

- Em 2016, o Ministério do Ambiente, das Florestas e das Alterações Climáticas lançou as Regras de Gestão dos Resíduos Electrónicos para reduzir a produção de resíduos electrónicos e aumentar a reciclagem. Ao abrigo destas regras, o governo introduziu o RPE, que responsabiliza os produtores pela recolha de 30 a 70 por cento (ao longo de sete anos) dos resíduos electrónicos que produzem.
- A integração do sector informal num sistema de reciclagem transparente é crucial para um melhor controlo dos impactos no ambiente e na saúde humana. Houve algumas tentativas para integrar o sector informal existente no cenário emergente. Organizações como a GIZ desenvolveram modelos de negócios alternativos para orientar a associação do sector informal para a autorização. Estes modelos de negócio promovem um sistema de recolha em toda a cidade que alimenta as instalações de desmantelamento manual e uma estratégia para as melhores instalações tecnológicas disponíveis, de modo a obter maiores receitas das placas de circuito impresso. Ao substituir o processo tradicional de lixiviação química húmida para a recuperação de ouro pela exportação para fundições e refinarias integradas, são geradas práticas mais seguras e uma maior receita por unidade de resíduos electrónicos recolhidos.
- Os resíduos electrónicos são uma fonte rica em metais como o ouro, a prata e o cobre, que podem ser recuperados e reintroduzidos no ciclo de produção. Existe um potencial económico significativo na recuperação eficiente de materiais valiosos nos resíduos electrónicos e pode proporcionar oportunidades de geração de rendimentos tanto para indivíduos como para empresas. As regras de gestão dos resíduos electrónicos de 2016 foram alteradas pelo Governo em março de 2018 para facilitar e implementar eficazmente a gestão ambientalmente correcta dos resíduos electrónicos na Índia. As regras alteradas revêem os objectivos de recolha ao abrigo da disposição relativa ao RAP, com efeitos a partir de 1 de outubro de 2017. Através da revisão dos objectivos e do acompanhamento pelo Conselho Central de Controlo da Poluição (CPCB), será assegurada uma gestão eficaz e melhorada dos resíduos electrónicos.

3.1.1 Desafios na gestão dos resíduos electrónicos

Os países desenvolvidos desenvolveram vários métodos para a gestão dos resíduos electrónicos, mas os países em desenvolvimento, como a Índia e o Paquistão, não o fizeram. As baixas concentrações de metais nos resíduos electrónicos proporcionam instalações de tratamento baratas, e estes processos de recuperação de metais criam poluição no ar, na água e no solo. A exposição excessiva a substâncias tóxicas faz com que as pessoas sofram de demasiados problemas de saúde. Os resíduos electrónicos contêm substâncias nocivas que podem causar graves problemas de saúde. A reciclagem de resíduos electrónicos pode ter efeitos adversos graves se não for feita corretamente. O lixo eletrónico é composto por muitos produtos químicos tóxicos perigosos, ácidos, metais e plásticos não degradáveis. Muitas das reciclagens de resíduos electrónicos exportam vidro de chumbo, placas de circuitos e pedaços de mercúrio. Os resíduos electrónicos produzem substâncias cancerígenas que causam cancro do pulmão e da pele. Devido à mão de obra barata e à pobreza, a Índia tornou-se um mundo de estações de despejo.

A Rede de Ação de Basileia (BAN) apresentou um relatório em que afirma que cerca de 50-80% do lixo eletrónico é recolhido pelos EUA e exportado para a China, o Paquistão e o nosso país. A BAN trabalha para impedir a globalização de substâncias tóxicas, especialmente de produtos químicos tóxicos. A exportação de substâncias tóxicas para a Índia é feita para obter serviços e recursos humanos mais baratos, pelo que este lixo eletrónico está a poluir a Índia. Agora, a China proibiu a importação de resíduos, pelo que se tornou mais difícil para a nossa gestão de resíduos electrónicos lidar com este problema dos resíduos importados. A gestão e a reciclagem dos resíduos electrónicos estão totalmente nas mãos dos sectores informais, mas estes não dispõem dos meios adequados para lidar com a libertação de substâncias tóxicas e com os riscos intoleráveis para os seres humanos e o ambiente.

A Índia é o quinto maior produtor de resíduos electrónicos a nível mundial, tendo gerado 1,7 milhões de toneladas de equipamentos eléctricos e electrónicos em 2014. O transporte, a separação, o desmantelamento e a eliminação dos resíduos electrónicos são efectuados por trabalhadores sem formação no sector informal. A população indiana não está sensibilizada para este problema, pelo que deita fora os resíduos electrónicos juntamente com outros resíduos. Depois, são recolhidos e separados por catadores de lixo.

Devido a esta falta de sensibilização e de conhecimentos adequados, a gestão dos resíduos electrónicos tornou-se mais difícil no nosso país.

A Índia produz 1,25 milhões de toneladas de resíduos electrónicos por ano. A Índia é também utilizada por muitos países desenvolvidos como local de descarga de resíduos electrónicos. Os EUA, a China, o Reino Unido, Taiwan, o Japão e a Coreia do Sul são os principais países que depositam os seus resíduos electrónicos na Índia.

Apenas 10 das UT e dos Estados juntos geram 70% dos resíduos electrónicos no nosso país e quase 65 cidades geram 60% do total de resíduos electrónicos.

Os resíduos electrónicos em si não são perigosos, mas as substâncias que libertam durante o processo de gestão dos resíduos electrónicos são perigosas por natureza. As substâncias deixadas para trás durante o desmantelamento e a reciclagem dos resíduos electrónicos são perigosas para a saúde humana e para o ambiente. Os produtos electrónicos contêm diferentes tipos de toxinas e, se forem tratados com cuidado, podem ser muito perigosos para a saúde humana.

Muitos produtos electrónicos têm tubos de raios catódicos que contêm chumbo, bário e cádmio. Quando entram em qualquer sistema de água ou de drenagem, podem ter efeitos nocivos e até danificar os nossos sistemas respiratório e nervoso. Os plásticos retardadores de chama utilizados nos produtos electrónicos libertam partículas que afectam negativamente as nossas funções endócrinas. E tudo isto acontece quando a gestão dos resíduos electrónicos não é feita corretamente e os resíduos electrónicos não processados são depositados diretamente nos aterros.

3.2 Reduzir os resíduos electrónicos

- **O que são resíduos electrónicos?**

O lixo eletrónico refere-se a tudo o que não pode ser reutilizado e só serve para ser deitado fora. Inclui telemóveis, tablets e televisores avariados que foram substituídos por modelos mais recentes.

- **Algumas formas importantes de reduzir os resíduos electrónicos**

1. ***Reutilizar e reciclar:***

A melhor maneira de proteger o nosso planeta é reciclar os aparelhos electrónicos antigos em vez de comprar mais aparelhos novos. Desta forma, estará a reduzir o número de aparelhos deitados fora, que têm um impacto significativo no nosso ambiente.

2. ***Conheça os seus aparelhos electrónicos:***

Conhecer os materiais dos seus dispositivos electrónicos ajudá-lo-á a compreender e a tomar decisões informadas sobre o ambiente. Pesquisar os materiais antes de comprar novos produtos é uma decisão proactiva que pode resultar num estilo de vida mais amigo do ambiente.

3. ***Invista num rótulo amigo do ambiente:***

Se estiver interessado em comprar produtos com a etiqueta Energy Star, procure etiquetas com a indicação "Energy Star".

4. ***Evitar a acumulação:***

Controle o número de artigos electrónicos que compra todos os meses.

As mais recentes tecnologias e os mais recentes gadgets chegam regularmente às salas de exposição, o que nunca impede as pessoas de os comprarem.

Estas novas tecnologias ajudaram os consumidores com tendências de acumulação, facilitando-lhes a quebra do ciclo.

5. ***Reparação:***

É mais barato reparar aparelhos electrónicos avariados do que substituí-los, mas algumas pessoas optam pela substituição por ser mais rápida. Se não tiver medo de projectos de bricolage, pode poupar dinheiro reparando os aparelhos você mesmo.

6. ***Questões de segurança:***

Mesmo que os apague, as suas informações pessoais continuam armazenadas nos seus dispositivos electrónicos. Existem várias formas de garantir que ninguém pode recuperar as suas informações, mas retirar todos os dados pessoais do seu dispositivo e tratá-lo na melhor empresa de reciclagem de resíduos electrónicos da Índia, como a Namo e-waste management, é a escolha mais segura.

7. ***Organize os seus pertences:***

Livre-se dos aparelhos de que já não precisa. Se tiver muitos, pode vender os seus aparelhos antigos numa loja de reutilização, doá-los a uma instituição de caridade ou eliminá-los de forma responsável através da reciclagem.

8. ***Procurar os centros de reciclagem de resíduos electrónicos:***

Pode minimizar os resíduos do seu agregado familiar tentando encontrar centros de revenda ou de reciclagem na sua área.

9. ***Cópia de segurança dos dados online:***

Não precisa de comprar dispositivos de armazenamento de hardware para fazer cópias de segurança dos seus dados. Existem muitas opções de armazenamento na nuvem, como o IDrive, o Google Drive e o Dropbox.

10. ***Devolvê-los à loja:***

Pode ser difícil encontrar uma loja disposta a aceitar os seus aparelhos electrónicos antigos, especialmente se não for um comprador frequente. No entanto, as lojas começaram recentemente a investir em programas de reciclagem. Fale com os funcionários ou gerentes de qualquer loja sobre a reciclagem de artigos velhos e pergunte-lhes onde colocam essas coisas.

11. Proteger os aparelhos electrónicos:

Faça pequenas alterações para manter o que tem a funcionar durante mais tempo. Para prolongar a vida útil do seu computador, limpe periodicamente os ficheiros antigos e não deixe o dispositivo ligado à corrente durante todo o tempo.

Conclusão

Ao reciclarmos os resíduos electrónicos e ao fazermos estas alterações, bem como ao incentivarmos os outros a fazerem o mesmo, podemos reduzir drasticamente o problema dos resíduos electrónicos. Além disso, a reciclagem de resíduos electrónicos é a atitude ética a tomar para o planeta e para o futuro da sua empresa. Nalgumas áreas, a reciclagem de resíduos electrónicos é também regulamentada por legislação local.

3.3 Prevenção de resíduos perigosos na conceção

3.3.1 Introdução

Existem soluções inovadoras de gestão de resíduos para nos ajudar a gerir os nossos resíduos e garantir que a utilização de um objeto é maximizada. Isto pode ser feito através da reutilização, reciclagem ou redução. Tudo isto é aplicável a nível individual. No entanto, a gestão de resíduos à escala industrial ou à escala da comunidade exige recursos especializados e planeamento estratégico.

Consequentemente, estão a ser implementadas em todo o mundo soluções de gestão de resíduos em diferentes indústrias para combater a produção de resíduos.

Embora existam muitas soluções com as quais nos deparamos diariamente, a nova década traz uma oportunidade de revolucionar estas soluções com uma abordagem mais sofisticada. Aqui vamos expor as últimas inovações na tecnologia de gestão de resíduos e ver como elas têm o potencial de resolver a acumulação de resíduos.

1- IA para a triagem de resíduos

Globalmente, a Inteligência Artificial está a assumir grande parte das nossas tarefas diárias e a tornar o nosso estilo de vida mais conveniente do que nunca. No entanto, até à data, o sector da gestão de resíduos tem tido dificuldade em separar eficazmente os resíduos para reciclagem.

Depois de esgotar os seus recursos e de ter de suportar processos morosos, a indústria precisava de uma solução para resolver os seus problemas de triagem de resíduos.

Após anos e anos de desenvolvimento, há esperança em 2021 de uma solução de IA que possa fornecer uma forma eficiente de separar os resíduos em diferentes tipos de materiais recicláveis.

Essa tecnologia é designada por visão artificial e pode ajudar-nos a combater a eliminação incorrecta de resíduos e a aproveitar ao máximo as oportunidades perdidas. Por conseguinte, uma solução de IA pode ajudar-nos a reciclar de forma eficiente e económica, evitando erros perigosos para o ambiente e alcançando inevitavelmente um estilo de vida sem resíduos.

2- Instalações inovadoras de reciclagem de resíduos

Com a tecnologia a avançar todos os dias e as máquinas a ficarem mais inteligentes a cada minuto, não é de surpreender que as instalações de gestão de resíduos também tenham recebido um grande impulso. Com máquinas mais eficientes que poupam dinheiro e tempo às empresas, ao mesmo tempo que fornecem novas matérias-primas para serem utilizadas na produção, isto conduziu a uma nova era de reciclagem liderada pelo movimento da Economia Circular. Classificadores, trituradores e scanners, entre outros, tornaram todo o processo de reciclagem simplificado e benéfico para investidores e clientes. Uma indústria avaliada em milhares de milhões de euros a nível mundial ainda está a adaptar-se a todo o conceito de reciclagem, mas é definitivamente uma indústria para o futuro. Quer beneficiar também de uma solução deste género? Entre em contacto connosco no nosso site oficial.

3- Locais comerciais sem resíduos

Para gerir os resíduos, temos de nos consciencializar da quantidade de resíduos que produzimos. A redução da produção de resíduos através da adoção de um estilo de vida sem resíduos pode reduzir a carga sobre os aterros. Tendo isso em mente, estão a abrir-se em todo o mundo vários locais comerciais sem resíduos. Um exemplo é a cidade de Noida, onde a YES Full Circle implementou uma solução de desperdício zero para beneficiar a comunidade. Estes locais especializam-se na produção de resíduos zero a nível operacional, encorajando os indivíduos a seguir a mesma prática. Os custos globais são reduzidos para todas as partes envolvidas e os resultados previstos são surpreendentes a longo prazo. Esta prática está a reduzir a produção de resíduos a nível empresarial, bem como a nível doméstico. Se estes locais comerciais com zero resíduos continuarem a progredir, os indivíduos acabarão por mudar inevitavelmente para um modo de vida mais sustentável.

4- Impressão 3D sustentável

À medida que a impressão 3D se foi popularizando, o seu potencial foi sendo amplamente explorado. Tanto assim é que há empresas de construção que utilizam esta tecnologia para construir infra-estruturas. Algumas estão a construir casas, entretanto, há uma agência de design arquitetónico que criou a primeira escola impressa em 3D do mundo, situada em quatro acres de terra ao largo da costa de África. Para tornar a impressão 3D uma solução sustentável e rentável para a gestão de resíduos, os resíduos de plástico podem ser utilizados como matéria-prima. O plástico reciclado pode tornar-se um recurso mais barato e sustentável, utilizado para a construção de infra-estruturas. A impressão 3D só é sustentável quando está a ser utilizada para fabricar produtos duradouros. Por conseguinte, o potencial da tecnologia pode ser testado com o objetivo de ser amigo do ambiente e as infra-estruturas impressas em 3D provaram-no utilizando resíduos de plástico como matéria-prima.

5- Dispositivos Eco-ATM

Todos os anos são produzidos mais de 53 milhões de toneladas de resíduos electrónicos. Uma grande parte acaba nos aterros sanitários e um número insignificante é reciclado. A falta de conveniência de reciclar os resíduos electrónicos levou à sua acumulação. No entanto, como os nossos recursos naturais se estão a esgotar, é mais do que tempo de reciclar os resíduos electrónicos através de soluções inovadoras de gestão de resíduos. Foi introduzida uma inovação, os dispositivos Eco-ATM, que pagam em dinheiro sempre que se deposita o lixo eletrónico. Estes resíduos electrónicos podem consistir em dispositivos electrónicos portáteis, tais como telemóveis, computadores portáteis, tablets, etc., independentemente do seu estado. Estes dispositivos Eco-ATM podem ser instalados nas proximidades de cada comunidade. Assegurando que todas as comunidades participam na reciclagem dos seus resíduos electrónicos para um futuro sustentável.

6- Sistema de monitorização de resíduos

Os sistemas IoT de monitorização do lixo estão implantados em todo o mundo, sobretudo nos países desenvolvidos. Estes sistemas permitem que as autoridades de gestão de resíduos monitorizem o nível de lixo recolhido nos contentores. Com base nisso, podem definir estratégias para as rotas de recolha de resíduos, garantindo que os veículos de recolha de resíduos seguem uma rota energeticamente eficiente, poupando dinheiro e tempo. Estes sistemas são também conhecidos como sistemas inteligentes de monitorização e alerta de recolha de resíduos, porque sempre que os contentores estão cheios, os colectores relevantes são informados e podem recolhê-los a tempo. Além disso, os utilizadores podem também interagir com as autoridades relativamente à eliminação dos seus resíduos através da aplicação fornecida por estas. A eliminação de resíduos numa plataforma digital exclusiva, tornando a eliminação de resíduos conveniente e eficiente. Na presente década, registar-se-á um aumento da procura destes sistemas de monitorização inteligentes.

7- Gasificação por plasma

A gaseificação por plasma é outra técnica que foi recentemente desenvolvida para lidar com os resíduos, tendo em conta os objectivos de sustentabilidade e rentabilidade. Trata-se de um processo que envolve o aquecimento de resíduos com plasma a temperaturas extremas e a sua conversão em gases utilizáveis, como o hidrogénio. Uma vez que este processo produz hidrogénio, cria uma oportunidade para uma fonte de combustível sustentável. Este processo ainda não está generalizado porque é novo e tem um potencial impressionante. Se fosse adotado em breve, teria o potencial de substituir a produção de energia perigosa para o ambiente. No entanto, este novo método é caro, mas pode também tornar-se uma fonte de rendimento através da venda de hidrogénio. O potencial da gaseificação por plasma ainda não foi completamente explorado e pode revelar-se benéfico para as indústrias consumidoras de energia. Atualmente, os principais locais para esta inovação estão situados em Wuhan, China, Mihama-Mikata, Japão, Tainan City, Taiwan e USS Gerald R.

3.4 O que é a reciclagem de resíduos electrónicos

Não é preciso ser um utilizador regular de produtos electrónicos para saber que estes não duram para sempre. Então, o que é que lhes acontece depois de se estragarem? Por vezes, são deixados ao abandono sem serem reutilizados. E-waste é a abreviatura de electronic waste (lixo eletrónico). Ou seja, o lixo gerado por aparelhos electrónicos avariados, obsoletos e excedentários.

Também se ouve dizer que se trata de sucata eletrónica. Normalmente, estes aparelhos electrónicos contêm muitas vezes substâncias químicas tóxicas e materiais perigosos. Se não forem eliminados corretamente, podem provocar a libertação de substâncias tóxicas no nosso ambiente.

A reciclagem de resíduos electrónicos refere-se ao reprocessamento e reutilização destes resíduos electrónicos. É simples. Trata-se de um processo que visa recuperar materiais dos resíduos electrónicos. Desta forma, é possível utilizá-los em novos produtos electrónicos. Estes resíduos electrónicos podem assumir a forma de electrodomésticos, como aparelhos de ar condicionado, televisores, fogões eléctricos, ar condicionado, aquecedores, DVD, ventoinhas, micro-ondas e rádios. Podem também assumir a forma de equipamento informático, como computadores, computadores portáteis, telemóveis, pilhas, discos rígidos, placas de circuitos e monitores. Deve saber que os resíduos electrónicos são cruciais porque os aparelhos electrónicos têm uma vida útil curta. Como tal, transformam-se em resíduos electrónicos a um ritmo acelerado.

A reciclagem de resíduos electrónicos é uma das questões mais faladas no mundo atual devido ao seu potencial para reduzir os riscos ambientais e a poluição. Há também o facto de poder proteger as nossas vidas enquanto seres humanos e outras formas de vida existentes no nosso mundo. A reciclagem de resíduos electrónicos consiste na reutilização e no reprocessamento de equipamentos eléctricos e electrónicos de qualquer tipo que tenham sido deitados fora ou considerados obsoletos.

A reciclagem de resíduos electrónicos é uma tendência crescente e foi iniciada para proteger a saúde humana e ambiental, principalmente devido ao impacto generalizado dos resíduos electrónicos na poluição ambiental. Além disso, milhões de aparelhos electrónicos são utilizados diariamente. Depois, quando chegam ao fim do seu tempo de vida útil, a maior parte é desperdiçada em aterros sanitários.

3.4.1 Componentes dos resíduos electrónicos que podem ser reciclados

- **Plástico**

Os materiais plásticos podem ser recuperados e enviados para reciclagem. Os recicladores podem então utilizar os materiais plásticos para fabricar artigos como travessas de plástico e estacas de vinha. Também pode obter postes de vedação, tabuleiros de plástico, isoladores, suportes de equipamento e muito mais.

- **Metal**

Os metais também podem ser recuperados e reciclados para fabricar novos produtos de aço e metais.

- **Vidro**

É possível extrair vidro de CRTs (Cathode Ray Tubes) de monitores de computador e televisores. Mas há aqui um pequeno problema. Os CRTS contêm várias substâncias perigosas, como o chumbo. E isso é perigoso tanto para a saúde humana como para o ambiente imediato. Isto torna difícil a recuperação de um vidro de CRT.

No entanto, há algumas medidas que pode tomar para garantir uma reciclagem mais segura dos CRT. Em primeiro lugar, separe o CRT do monitor ou do televisor. De seguida, corte o CRT em pequenos pedaços. Retire os metais com ímanes de banda larga. Isto ajuda-o a remover objectos ferrosos e mesmo não ferrosos do vidro.

Depois disso, utilizam-se linhas de lavagem para limpar os fósforos e os óxidos desse vidro. A última etapa chama-se seleção do vidro. É aqui que se separa o gás sem chumbo do gás com chumbo. O extrato pode então ser utilizado para fabricar novos ecrãs.

- **Mercúrio**

Os dispositivos que contêm mercúrio podem ser enviados para instalações de reciclagem que utilizam tecnologia especializada para eliminar o mercúrio. O produto final desta eliminação inclui instrumentos métricos, amálgamas dentárias e iluminação fluorescente.

- **Placas de circuito impresso**

Existem empresas credenciadas e especializadas na fundição e recuperação de recursos como estanho, ouro, prata, cobre, paládio e metais valiosos.

- **Disco rígido**

Quando triturados e processados, é possível recuperar lingotes de alumínio de discos rígidos. Estes são particularmente úteis para automóveis.

- **Cartuchos de tinta e de toner**

Os recicladores de várias indústrias transformadoras que os remanufacturam recebem estes toners e tinteiros para reciclagem. Em seguida, utilizam o plástico e os metais recuperados como matérias-primas para outros produtos.

- **Baterias**

Pode levar a sua sucata de baterias a recicladores especializados para recuperar cádmio, aço, níquel e cobalto para reutilização em novas baterias. Também são úteis para o fabrico de aço inoxidável. Para além dos objectos referidos, existe uma lista interminável de outros objectos. Mas, de um modo geral, há uma espécie de hack para reciclar qualquer objeto ou componente.

3.4.2 Processo de reciclagem de resíduos electrónicos

A partir do centro de reciclagem, as empresas especializadas na eliminação de resíduos levam os produtos eléctricos fora de uso para uma instalação de reprocessamento, onde são posteriormente triturados em pequenos pedaços. Uma vez triturados, ímanes fortes removem os metais ferrosos, como o aço, e os metais não metálicos são recolhidos através de correntes electrónicas.

Etapa 1: Recolha e transporte

Esta é a primeira fase da reciclagem dos resíduos electrónicos. Aqui, os recicladores colocam cabinas de retoma ou caixotes de recolha em locais específicos. Quando estes contentores ficam cheios, os recicladores transportam os resíduos electrónicos para instalações e unidades de reciclagem.

Etapa 2: Trituração e triagem

Após a recolha e o transporte, o passo seguinte consiste em triturar e separar os resíduos electrónicos. O sucesso da separação subsequente depende da trituração. É por isso que a eficiência é essencial nesta fase.

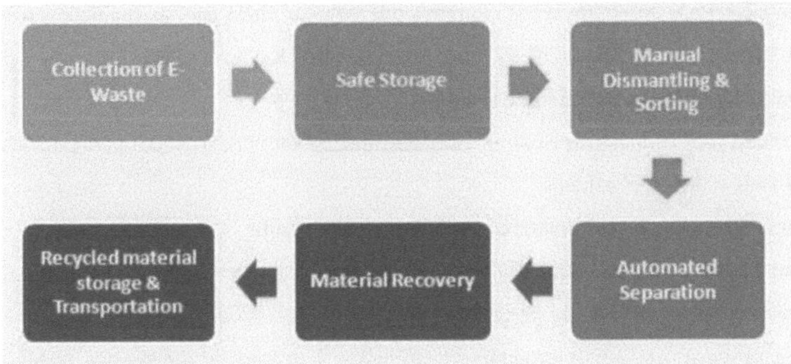

A trituração consiste em partir os resíduos electrónicos em pedaços mais pequenos para uma triagem adequada. Com a ajuda das mãos, estes pequenos preços são seleccionados e depois desmontados manualmente. Trata-se de um processo que exige muita mão de obra, uma vez que os resíduos são, nesta fase, separados para recuperar as diferentes partes. Depois disso, os materiais são categorizados em materiais de base e componentes. De seguida, estes artigos são classificados em várias categorias. Normalmente, estas categorias incluem artigos que podem ser reutilizados tal como estão e artigos que requerem processos de reciclagem adicionais. Em todo o caso, os resíduos electrónicos são frequentemente separados manualmente, enquanto os compostos como as lâmpadas fluorescentes, as pilhas, as baterias UPS e os cartuchos de toner não devem ser esmagados ou triturados à mão.

Etapa 3: Extração de poeiras

As minúsculas partículas de resíduos são espalhadas suavemente através de um processo de agitação na correia transportadora. Os pedaços de resíduos electrónicos espalhados suavemente são depois decompostos ainda mais. Nesta altura, o pó é extraído e eliminado de uma forma compatível com o ambiente. Desta forma, não há degradação ambiental.

Etapa 4: Separação magnética

Depois disso, um íman forte ajuda-o a separar o aço e o ferro dos outros resíduos. Desta forma, o aço foi reciclado com sucesso do fluxo de resíduos. No entanto, por vezes, podem ser necessários alguns processos mecânicos para separar a placa de circuitos, o cobre e o alumínio de outras partículas de resíduos. E isto acontece especialmente quando estas são maioritariamente de plástico.

Etapa 5: Separação da água

Depois disso, a tecnologia de separação de água torna-se relevante para separar o vidro do plástico. Pode então enviar os chumbos que contêm vidro para as fundições, para serem utilizados na produção de baterias, tubos de raios X e novos CRT.

Etapa 6: Purificação do fluxo de resíduos

O próximo passo é localizar e extrair os metais que sobram dos plásticos para purificar ainda mais o fluxo de resíduos.

Passo 7: Preparação dos materiais reciclados para venda

A fase final é a preparação dos materiais reciclados para venda. Aqui, os materiais separados durante o SSS são preparados para serem vendidos como matérias-primas para a produção de novos produtos electrónicos. Extração de metais dos resíduos electrónicos

São amplamente utilizados três métodos para recuperar ouro de sucata eletrónica:

1. Lixiviação química,
2. Moagem e pulverização, seguidas de separação por gravidade ou lixiviação,
3. Incineração e fundição.

Mais de 50% dos resíduos electrónicos são constituídos por materiais ferrosos e podem ser processados e extraídos por trituração mecânica, métodos hidrometalúrgicos e biolixiviação, etc. Os resíduos de placas de circuitos impressos representam uma das partes mais difíceis da reciclagem de resíduos electrónicos. A extração de metais preciosos (ouro, prata, paládio e platina) de resíduos de placas de circuitos impressos tem sido geralmente efectuada utilizando lixiviantes altamente tóxicos, corrosivos ou dispendiosos, como o cianeto de sódio, a água régia e o iodo/iodeto. O presente estudo apresenta uma abordagem mais ecológica para a extração de metais preciosos de resíduos de placas de circuitos impressos utilizando uma solução alcalina de glicina na presença de um oxidante. O oxidante forte comum, o permanganato de potássio, e o não perigoso ferricianeto de potássio foram investigados e comparados em meios alcalinos. A diminuição do tamanho das partículas da amostra e o aumento da concentração do oxidante (0,04-0,16 M) aumentaram significativamente a extração de ouro.

No entanto, o aumento da temperatura (~55 °C) e da concentração de glicina (0,5-1 M), bem como a adição faseada de oxidante, não melhoraram significativamente a extração de ouro. O controlo da solução Eh não conseguiu reduzir o consumo de permanganato, ao passo que o consumo de ferricianeto pôde ser reduzido em >50% em 72 h. Nas condições recomendadas, foi possível extrair 86,8% de ouro, 70,2% de prata, 89,3% de paládio e 87,9% de cobre utilizando o sistema de lixiviação glicina-permanganato. Em comparação, 79,3% de ouro, 69,0% de prata, 68,5% de paládio e 83,1% de cobre podem ser extraídos utilizando o sistema de lixiviação de glicina-ferricianeto. Estas extracções são comparáveis às que podem ser obtidas com sistemas de lixiviação à base de cianeto (NaCN). Ambos os sistemas de lixiviação mostraram uma boa seletividade para o cobre e os metais preciosos. O presente estudo abre caminho para o desenvolvimento de um processo de glicina sem NaCN para a reciclagem de resíduos electrónicos.

3.5 Meios simples de extração de metais de resíduos de E

A extração quelante de metais de base, nomeadamente Cu, Zn e Ni, de placas de circuitos impressos (PCB) de computadores obsoletos foi realizada utilizando o ácido dietilenotriamino-pentacético (DTPA) como ligando mais seguro. Com um rácio líquido/sólido (rácio L/S) de 50 e o PCB triturado na gama de tamanhos de 0,038-1 mm, a extração máxima de cerca de 97% de Cu em 4,5 d e mais de 99% de Zn e Ni em 3 d foi alcançada utilizando 0,5 M de DTPA a um pH de 9, temperatura de 50 °C e velocidade de mistura de 450 rpm. Utilizando H2O2 0,9M em condições de processo optimizadas, conseguiu-se uma lixiviação de cerca de 99% de Cu e 82% de Ni em 8 h, juntamente com uma lixiviação completa de Zn em apenas 1 h. O desenvolvimento da cinética utilizando o modelo do núcleo em contração (SCM) indicou que a extração de metais dos finos de PCB com DTPA é controlada pelo processo de difusão. Além disso, foi conseguida uma recuperação de metais de cerca de 98% para o Cu e o Ni e de 95% para o Zn através da precipitação química do lixiviado. A extração quelante com DTPA, associada à precipitação química do lixiviado, tem potencial para surgir como uma solução completa para a reciclagem de metais a partir de resíduos electrónicos.

Perguntas frequentes FAQ

1. Que objectos podem ser considerados resíduos electrónicos? ...
2. É possível reciclar produtos electrónicos? ...
3. Por que razão se deve reciclar aparelhos electrónicos velhos? ...
4. É possível restaurar ou reparar alguns objectos? ...
5. Qual é o momento certo para reciclar produtos electrónicos usados? ...
6. Onde reciclar produtos electrónicos?
7. Que objectos podem ser considerados resíduos electrónicos? ...
8. É possível reciclar produtos electrónicos? ...
9. Por que razão se deve reciclar aparelhos electrónicos velhos? ...
10. É possível restaurar ou reparar alguns objectos? ...
11. Qual é a altura certa para reciclar produtos electrónicos usados?
12. Como é que se evita que alguém crie resíduos electrónicos?
13. Qual é o primeiro desafio da prevenção dos resíduos electrónicos?
14. Que precauções devemos tomar para minimizar os resíduos electrónicos?
15. Como podemos reduzir a produção de resíduos electrónicos?
16. Qual é o método mais utilizado para a eliminação de resíduos electrónicos?
17. Qual é a solução mais eficaz para o tratamento dos resíduos electrónicos?

Referências

1. Práticas de gestão de resíduos por John Pichtel
2. Electronic Waste: Recycling and Reprocessing for a Sustainable Future, Maria E. Holuszko, Amit Kumar, Denise C.R. Espinosa, publicação Wiley.
3. E-Waste ManagementChallenges and Opportunities in India, Varsha Bhagat-Ganguly, 2022.

AUTORES

Sra.. P.Kanmani

Tem trabalhado como Professora Assistente no Colégio V.V.Vanniaperumal, Virudhunagar 2011. É uma professora versátil que demonstra interesse por métodos de ensino inovadores. Qualificou-se no Teste de Elegibilidade do Estado de Tamilnadu. É responsável pelos cursos UG e PG. Concluiu dois projectos de investigação menores financiados pelo Conselho de Administração do V.V.Vanniaperumal College For Women e tem um projeto de investigação menor em curso financiado pelo Conselho de Administração do V.V.Vanniaperumal College For Women. Apresentou trabalhos em conferências nacionais e internacionais. kanmani@vvvcollege.org

Sra. T. S. Lalitha

Trabalha como professora assistente no Departamento de Física do Colégio V.V.Vanniaperumal para mulheres, Virudhunagar Tamilnadu Índia. É uma professora atenciosa e compassiva com 11 anos de experiência de ensino em várias faculdades de artes e ciências, politécnicos, escolas e institutos de educação. É responsável por todas as disciplinas de Física da UG e da PG. Concluiu 2 cursos de diploma e 3 cursos de certificado em vários domínios. Tem 3 anos de experiência em aulas de treino NEET. Apresentou 3 comunicações em conferências e seminários nacionais e internacionais. lalitha@vvvcollege.org

Dr. M. Rekadevi

Trabalha como professora assistente no Departamento de Física do V.V.Vanniaperumal College for Women, Virudhunagar, Tamilnadu, Índia. É uma professora atenciosa e compassiva com 16 anos de experiência de ensino em várias faculdades de Artes, Ciências e Engenharia e com 5 anos de experiência de investigação. Publicou 4 artigos em revistas internacionais e apresentou 14 artigos em várias conferências nacionais e internacionais. Tem um projeto de investigação menor em curso financiado pelo V.V.Vanniaperumal College for women, conselho de administração.

rekadevim@vvvcollege.org

Sra. P. S. Saritha

Concluiu o seu exame de mestrado em Comunicação Eletrónica em 2015 com a primeira classe e distinção no A. J. K College, Coimbatore. Obteve o grau de M.Phil. Obteve o grau de M.Phil em 2017 no A.J.K College of Arts And Science, Coimbatore. Trabalha como Professora Assistente no Departamento de Física, V.V.Vanniaperumal College For Women, Virudhunagar, Tamilnadu. Ela é uma professora atenciosa e compassiva com 5 anos de experiência em UG e 2 anos de experiência em PG na Faculdade de Artes e Ciências e na Faculdade de Engenharia.

sarithaps@vvvcollege.org

MIX
Papier aus verantwortungsvollen Quellen
Paper from responsible sources
FSC® C105338

Printed by Books on Demand GmbH, Norderstedt / Germany